Tarek Morsy

Os aminoácidos protegidos pelo rúmen melhoram o desempenho dos animais leiteiros

Tarek Morsy

Os aminoácidos protegidos pelo rúmen melhoram o desempenho dos animais leiteiros

ScienciaScripts

Imprint

Cover image: www.ingimage.com

This book is a translation from the original published under ISBN 978-620-2-30507-5.

Publisher:
Sciencia Scripts
is a trademark of
Dodo Books Indian Ocean Ltd. and OmniScriptum S.R.L publishing group

120 High Road, East Finchley, London, N2 9ED, United Kingdom
Str. Armeneasca 28/1, office 1, Chisinau MD-2012, Republic of Moldova, Europe
Managing Directors: Ieva Konstantinova, Victoria Ursu
info@omniscriptum.com

Printed at: see last page
ISBN: 978-620-8-61126-2

ÍNDICE DE CONTEÚDOS

Lista de abreviaturas

AA	Amino acids
CF	crude fiber
CFM	concentrate feed mixture
CP	crude protein
DM	dry matter
DMI	dry matter intake
DSA	Dairy science abstract
EE	ether extract
FCM	fat corrected milk
GOT	glutamic oxaloacetic transaminase
GPT	glutamic pyruvic transaminase
Ly	protected lysine
Me	Smartamine^{TM}M (protected methionine)
NCN	non casein nitrogen
NFE	nitrogen free extract
NPN	non protein nitrogen
SNF	solids not fat
TN	total nitrogen
TS	total solids
TVFA'S	total volatile fatty acids

Capítulo 1

I. INTRODUÇÃO

A nutrição proteica das vacas leiteiras foi estudada extensivamente em termos de resposta a diferentes níveis e fontes de proteína bruta na alimentação **(Broderick, 1992 e Metcalf *et al* 1996)**, mas não foram determinadas as necessidades individuais de aminoácidos para as diferentes fases da lactação. A necessidade de aminoácidos é significativamente afetada pela degradabilidade ruminal da proteína bruta da dieta. As diferenças na degradação da proteína bruta das forragens e dos concentrados e a dinâmica da síntese de proteína microbiana no rúmen tornaram difícil determinar de forma significativa a proporção e a qualidade dos aminoácidos que chegam ao intestino delgado **(King *et al* 1990; Seymour *et al* 1990 e Schwab *et al* 1992).** Estudos anteriores apoiam a hipótese de que as principais fontes de variação no equilíbrio de aminoácidos da digesta intestinal são a composição em aminoácidos das proteínas dos alimentos e o fluxo proporcional de proteínas ruminais não degradadas da ingestão e de proteínas microbianas para os intestinos **(Rulquin *et al* 1995)**. As tentativas de aumentar a passagem de aminoácidos essenciais para os intestinos através da alimentação de fontes proteicas com baixa degradabilidade ruminal tiveram um sucesso variável **(Seymour *et al* 1990 e Broderick, 1992)**. Embora ainda não seja comum considerar aminoácidos individuais ao formular dietas para animais em lactação, há cada vez mais evidências de que a adição de certos aminoácidos pode melhorar a produção de leite e particularmente o conteúdo de proteína do leite. Dois aminoácidos, metionina e lisina, são de especial interesse para vacas leiteiras, pois foram identificados como os aminoácidos mais limitantes para a síntese da proteína do leite **(Schwab *et al* 1992; Rulquin e Verite, 1993; Guinard e Rulquin, 1995; e Rulquin *et al* 1995)**. Infelizmente, a metionina e a lisina cristalinas livres são fácil e rapidamente degradadas pelas bactérias do rúmen, tendo sido utilizadas várias abordagens para conseguir a entrega da metionina ou da lisina nos locais de absorção. A proteção da metionina tem sido tentada através da formação de análogos ou derivados de aminoácidos **(Patterson e Kung, 1988)** ou por encapsulamento **(Overton *et al* 1996)**. A resposta à alimentação com aminoácidos protegidos foi variável e dependeu principalmente da fonte de proteína e do seu nível na dieta basal **(Polan *et al* 1991; Schwab *et al* 1992; Rulquin e Verite, 1993; Rulquin *et al* 1995; e Armentano *et al* 1997)**. Alguns investigadores observaram um aumento da produção de leite com a suplementação de metionina ou lisina protegida no rúmen **(Xu *et al* 1998; Iwanska *et al* 1999 e Younge *et al* 2001)**. Neste estudo, a dieta de búfalas em início de lactação, constituída por uma mistura de concentrado alimentar, trevo de berseem e palha de arroz, foi suplementada com metionina protegida no rúmen

(Smartamine™) e/ou lisina protegida, a fim de estudar os efeitos desta suplementação na produção de leite e nos seus compostos.

Capítulo 2

II. REVISÃO DA LITERATURA

1. Efeito da suplementação com aminoácidos protegidos no rúmen sobre o consumo de ração e a digestibilidade dos nutrientes

Num ensaio de 266 dias, em 168 novilhos Holstein, os animais foram alimentados com adlibitum com alto teor de concentrado mais lisina e metionina protegidas no rúmen 0, 5, 10 e 15 g / dia **(Hussein e Berger, 1995).** Verificaram que a ingestão de matéria seca aumentava com o aumento dos níveis dietéticos de lisina e metionina protegidas do rúmen.

No entanto, **Piepenbrink *et al* (1996) utilizaram** dez vacas num desenho de quadrado latino 5 x 5 replicado e alimentaram-nas com dietas formuladas para fornecer metionina e lisina adequadas (18% de proteína bruta) ou inadequadas (14% de proteína bruta). Um suplemento protótipo de metionina e lisina protegidas por via ruminal foi adicionado à dieta de 14% de proteína bruta para fornecer 0, 50, 100 e 150% da deficiência prevista de metionina e lisina. Verificaram que a suplementação de metionina e lisina protegidas pela ruminação à dieta de 14% de proteína bruta não afectou a ingestão de matéria seca.

Além disso, **Blauwiekel *et al* (1997)** alimentaram quatro vacas com cânulas ruminais e duodenais e 16 vacas intactas no início da lactação com dietas que continham sementes de algodão com glândulas, sementes de algodão com glândulas mais 15 g/dia de lisina protegida por via ruminal, sementes de algodão sem glândulas ou sementes de algodão sem glândulas mais 15 g/dia de lisina protegida por via ruminal. Observaram que a suplementação com lisina aumentou o fluxo e a percentagem de lisina na digesta duodenal, mas não afectou a ingestão de matéria seca.

Além disso, **Bertrand *et al* (1998)** relataram que a suplementação com lisina e metionina protegidas ruminalmente não teve efeito sobre a ingestão de matéria seca de vacas Jersey alimentadas com dietas sem ou com sementes de algodão inteiras.

Um ensaio de campo realizado por **Dinn *et al* (1998)**. foi conduzido em dezoito vacas multíparas da raça Holstein, que foram divididas em três rações diferentes em percentagens de proteína bruta (18,3, 16,7 e 15,3% para as rações 1, 2 e 3, respetivamente), mas a energia foi mantida constante. As rações 2 e 3 foram suplementadas com lisina e metionina protegidas pelo rúmen. Verificaram que a ingestão de matéria seca foi menor (P<0,05) com estas rações em comparação com a ração 1. A digestibilidade aparente da proteína bruta foi reduzida (P<0,05) para as vacas alimentadas com a ração 2 em comparação com as alimentadas com a ração 1 e foi reduzida para as vacas alimentadas com a ração 3 em comparação com as alimentadas com as rações 2 e 1. Não foram observadas diferenças (P>0,05) entre os grupos alimentares na digestibilidade aparente de NDF (lignina + celulose + hemicelulose), mas as vacas alimentadas com as rações 2 e 3 apresentaram digestibilidades aparentes de ADF mais elevadas (P<0,05) do que as vacas alimentadas com a ração 1.

Além disso, **Overton *et al* (1998)** alimentaram vacas Holstein com dietas que consistiam em silagem de luzerna, silagem de milho e uma mistura de concentrado contendo principalmente milho moído sem casca ou ração de glúten de milho; as dietas foram suplementadas com 0 ou 20 g/d de metionina protegida no rúmen. Verificaram que a ingestão de matéria seca não era afetada pelo tipo de dieta ou pela metionina protegida pelo rúmen, mas que havia uma tendência para uma interação entre o tipo de dieta e a metionina protegida pelo rúmen para a ingestão de matéria seca. A ingestão de matéria seca foi maior quando o milho sem casca moído com metionina protegida e o glúten de milho foram dados às vacas do que quando o milho sem casca moído e o glúten de milho com metionina protegida foram dados às vacas.

Além disso, **Nichols *et al* (1998)** utilizaram doze vacas Holstein que foram distribuídas em partes iguais por quatro suplementos proteicos alimentares: 1) farinha de soja, 2) farinha de soja mais lisina e metionina protegidas no rúmen, 3) grãos de destilação de milho e 4) grãos de destilação de milho mais lisina e metionina protegidas no rúmen. Verificaram que o consumo de ração não foi influenciado pela lisina e metionina protegidas no rúmen (P=0,72), embora houvesse uma tendência (P=0,07) para uma interação entre a fonte de proteínas e a lisina e metionina protegidas no rúmen. A ingestão de matéria seca foi maior quando a lisina e a metionina protegidas foram adicionadas à dieta de grãos de destilação de milho do que quando adicionadas à dieta de farelo de soja.

Varvikko *et al* (1999) referiram que vacas Ayrshire finlandesas com rúmen canulado foram utilizadas em duas experiências de quadrado latino 5 x 5 concebidas para estudar a lactação e as respostas metabólicas a doses crescentes de DL-metionina (0, 10, 20, 30 ou 40 g/d) ou L-lisina (0, 15, 30, 45 ou 60 g/d) infundidas no abomaso. Registaram que a infusão de metionina não afectou significativamente o consumo de ração e a digestibilidade da matéria orgânica, NDF (lenhina + celulose + hemicelulose) e azoto da dieta. Do mesmo modo, a infusão de lisina não afectou o consumo de ração e as digestibilidades da matéria orgânica, NDF e azoto da dieta.

Além disso, **Soder e Holden (1999)** alimentaram seis vacas Holstein de meia-lactação com uma ração mista total comum que foi coberta com um de três tratamentos, utilizando um desenho de quadrados latinos 3 x 3. Os tratamentos consistiram em 1) 0 g/d de Mepron®85, 2) 15 g/d de Mepron®85 (11 g de metionina protegida no rúmen) ou 3) 30 g/d de Mepron®85 (22 g de metionina protegida no rúmen). Observaram que a média dos mínimos quadrados para a ingestão de matéria seca não foi afetada pelo tratamento.

Os efeitos da adição de lisina e/ou metionina a uma ração com uma deficiência calculada destes aminoácidos de 10% e 20%, respetivamente, foram estudados em 24 vacas da raça suíça parda por **Krober *et al* (2000a)**. Estes autores referiram que o consumo de ração não foi afetado pelos aminoácidos protegidos no rúmen. Além disso, os coeficientes de digestibilidade aparente da matéria orgânica, NDF (lignina + celulose + hemicelulose) e proteína bruta não foram afectados pela adição de lisina e metionina.

Noftsger *et al* (2005) efectuaram um estudo de alimentação, utilizando um desenho de quadrado latino 4 x 4 replicado, em oito vacas canuladas ruminalmente que foram alimentadas com silagem de milho e feno de luzerna a 30 e 13% da matéria seca da dieta, respetivamente. Os tratamentos foram 1) controlo (sem metionina), 2) ácido 2-hidroxi -4- (metiltio) - butanóico a 0,10% da matéria seca, 3) ácido isopropílico 1-2-hidroxi -4- (metiltio) - butanóico a 0,13% da MS, e 4) metionina a 0,088% da matéria seca. Verificaram que a digestibilidade ruminal aparente da matéria orgânica e da fibra em detergente neutro era mais elevada para as três dietas suplementadas com fontes de metionina do que para a dieta de controlo.

Por outro lado, **Pacheco - Rios *et al* (1997)** verificaram que a ingestão de matéria seca tendia a diminuir quando a dieta das vacas leiteiras era suplementada com 15 g/d de metionina protegida ou com 15 g/d de metionina livre. Os mesmos resultados foram observados por **Pacheco - Rios *et al* (1999),** que referiram que quando a metionina protegida era administrada a vacas leiteiras durante o meio e o fim da lactação tendia a diminuir (P<0,09) a ingestão de matéria seca.

2. Efeito da suplementação com aminoácidos protegidos do rúmen nos parâmetros do licor ruminal

Han *et al* (1996) estudaram o efeito poupador de proteínas da lisina protegida no rúmen (RPlys) e do análogo hidroxilado da metionina (MHA) em ovinos. Os tratamentos foram 15 ou 12% de proteína bruta + 0% (RPlys), 12% de PC + 0% (RPlys), 12% + 0,4% (RPlys), e 12% de proteína bruta mais 0,4% (RPlys) mais 0,3% (MHA) (dietas T1 - T4, respetivamente). Verificaram que o pH ruminal e os ácidos gordos voláteis não foram afectados pelas dietas, mas a concentração ruminal de amoníaco - azoto foi elevada nas ovelhas que receberam as dietas T2, T3 e T4, com o valor mais elevado para a T4.

Além disso, **Dinn *et al* (1998)** alimentaram dezoito vacas Holstein com rações que diferiam em percentagens de proteína bruta (18,5, 16,7 e 15,3% para as rações 1, 2 e 3, respetivamente), mas as rações 2 e 3 foram suplementadas com lisina e metionina protegidas pelo rúmen. Observaram que o pH do fluido ruminal não foi afetado ($P>0,05$) pelo tratamento dietético, embora tenha havido uma tendência ($P<0,10$) para um pH mais baixo nas vacas alimentadas com a ração 3 em comparação com as alimentadas com a ração 1. Além disso, não foram observadas diferenças ($P>0,05$) na concentração de ácidos gordos voláteis no fluido ruminal.

Além disso, **Kobayashi *et al* (1999)** utilizaram dezanove vacas Holstein para avaliar a adição de uma combinação de aminoácidos de passagem no rúmen e de gordura de passagem no rúmen. Verificaram que a adição de DL-metionina 9,4 g por dia, L-lisina 23,2 g por dia e sebo 84,2 g por dia tendia a alterar as concentrações ruminais de amoníaco-nitrogénio e de ácidos gordos voláteis. Os mesmos resultados foram registados por **Robinson *et al* (1999) e Robinson *et al* (2000)**. Estes autores referiram que, quando a metionina e a lisina protegidas no rúmen foram administradas a vacas em lactação, foram encontrados efeitos insignificantes no azoto amoniacal ruminal e na concentração total de ácidos gordos voláteis.

Outro estudo sobre búfalas Murrah em lactação foi efectuado por **Bharadwaj *et al* (1999)**. Dividiram aleatoriamente 18 búfalas lactantes no início da lactação em três grupos experimentais de seis cada. No grupo de controlo, as búfalas foram alimentadas com uma mistura de concentrados contendo bagaço de colza como principal fonte de proteínas alimentares, enquanto as búfalas dos outros dois grupos de tratamento foram alimentadas com uma mistura de concentrados contendo uma combinação de proteínas (T1) ou com alimentos proteicos de passagem disponíveis no mercado (T2). Verificaram que os valores de ácidos gordos voláteis totais no rúmen eram significativamente mais elevados com proteína protegida (T2), mas que os valores de pH do licor ruminal, azoto total, azoto não proteico e azoto amoniacal eram significativamente mais baixos com (T2) em comparação com o controlo e (T1).

Num estudo sobre alimentação efectuado por **Kholif e Kholif (2003)** em cabras. Dividiram nove cabras baladi em lactação, no início da lactação, em três grupos, utilizando um desenho de quadrado latino 3 x 3 com 30 dias cada período experimental. A dieta de controlo utilizada consistia em berseem e concentrados (1:1 na base da matéria seca). As duas dietas experimentais utilizadas foram: controlo + 5 g/h/d de smartamine (metionina protegida) (I) e controlo + 10 g/h/d de smartamine (II). Observaram que os valores do pH ruminal diminuíram ($P<0,05$) com a smartamine, mas os valores totais de ácidos gordos voláteis aumentaram ligeiramente ($P>0,05$) com o aumento da smartamine nas dietas. O azoto total ruminal e o azoto proteico verdadeiro diminuíram ligeiramente ($P>0,05$) com um nível mais baixo de smartamine, seguido de um nível mais elevado de smarteamine, em comparação com o controlo. O NH_3-N aumentou ligeiramente (P>0,05) com o aumento do nível de smartamine na dieta, mas o azoto não proteico aumentou de forma insignificante (P>0,05) com o nível mais elevado de smartamine.

3. Efeito da suplementação com aminoácidos protegidos do rúmen na produção e composição do leite

A análise estatística dos dados de produção de 56 explorações comerciais de vacas leiteiras em 3 regiões geográficas de França onde foi utilizado o Protaux, que contém a preparação de metionina protegida Smartmine M, confirmou os resultados experimentais da sua eficácia relatados por **Thiaucourt (1996),** que descobriu que a proteína do leite aumentou de 0,7 a 1,39 g/kg. A produção de leite aumentou no início da lactação em cerca de 2,5 kg por dia no pico de produção.

Além disso, **Sevi *et al* (1996)** dividiram 9 ovelhas Comisana em 3 grupos iguais; controlo (2 kg de mistura de feno de aveia e ervilhaca e 0,8 kg de concentrado peletizado) / dia ou com suplementos de 3% ou 6% de lisina protegida do rúmen (8,4 ou 16,8 g de HCL - lisina / dia, respetivamente) que foi adicionada ao concentrado (grupos A e B, respetivamente). A produção média diária de leite foi de 0,62, 0,71 e 0,59 litros e a produção diária de proteína total do leite foi de 38,0, 42,5 e 36,0 g nos 3 grupos, respetivamente. As diferenças entre o grupo A e os outros 2 grupos (grupos de controlo e B) foram significativas (P<0,05). Proteína do leite percentagens e capacidade de coagulação foram semelhantes para os três grupos.

Wu *et al* (1997) alimentaram 24 vacas multíparas da raça Holstein com dietas contendo 34 ou 41% de proteína ruminalmente não degradável (RUP) durante 30 dias antes do parto; depois, cada grupo foi alimentado com uma dieta basal suplementada com ou sem metionina ruminalmente estável (10,6 g/d) e lisina (15,2 g/d) durante 75 dias na lactação subsequente. A suplementação de metionina e lisina aumentou a produção de leite de vacas previamente alimentadas com uma dieta pobre em RUP. O teor de proteína do leite (percentagem) aumentou de 2,83 para 2,96 nas vacas previamente alimentadas com a dieta RUP. A produção de proteína do leite aumentou de 1,13 para 1,21 kg/d quando a metionina e a lisina foram fornecidas.

Além disso, **Caput *et al* (1997)** alimentaram dois grupos de vacas com uma dieta basal tradicional, suplementada com metionina estável (protegida do rúmen); Meprone, 0 ou 20 g/cabeça diariamente; durante os primeiros 74 dias de lactação. Eles descobriram que a média de

A produção diária de leite foi de 14,63 e 17,09 kg, respetivamente, e o leite continha 4,13 e 4,27% de gordura e 3,33 e 3,29% de proteína.

Além disso, **Pacheco-Rios** *et al* **(1997)** estudaram os efeitos do fornecimento de metionina sobre a composição e a produção de leite de 26 vacas da raça frísia em plena lactação. As vacas foram divididas em 3 grupos e alimentadas individualmente com pasto fresco de azevém perene e trevo branco. Durante 21 dias, o grupo 1 recebeu duas vezes por dia metionina oral (Met, 15 g/dia) que foi protegida da degradação ruminal (RPM), o grupo 2 recebeu uma infusão intravenosa contínua de metionina livre (15g/dia; MET) e o grupo 3 não recebeu qualquer suplemento de metionina (controlo). Observaram que a produção de leite tendia a ser mais elevada no grupo MET em comparação com os grupos RPM e de controlo (18,5 versus 17,2 e 17,1 kg/dia, respetivamente). Em comparação com o grupo de controlo, houve uma tendência para a metionina (MET e RPM) reduzir a concentração de gordura do leite e aumentar a concentração de caseína. As concentrações de lactose e de azoto do soro não foram afectadas pelos tratamentos, mas as vacas suplementadas com metionina produziram mais proteínas totais e caseína por unidade de azoto ingerido. Além disso, **Blauwiekel** ***et al*** **(1997)** relataram que a suplementação de lisina protegida na dieta da vaca no início da lactação teve um efeito significativamente maior na produção de leite, na percentagem de proteína do leite e no rendimento proteico.

Além disso, **Overton** ***et al*** **(1998)** alimentaram 44 vacas multíparas da raça Holstein com dietas que consistiam em silagem de luzerna, silagem de milho e uma mistura de concentrado que continha principalmente milho sem casca moído ou ração de glúten de milho. As dietas foram suplementadas diariamente com 0 ou 20 g de metionina protegida pelo rúmen. Descobriram que a metionina protegida pelo rúmen aumentava a proteína do leite e o teor de caseína N do leite. A percentagem de gordura do leite e os rendimentos de gordura do leite, 3,5% FCM e TS foram maiores quando o milho descascado moído e 20 g de metionina protegida no rúmen ou a ração de glúten de milho e 0 g de metionina protegida no rúmen foram dados diariamente do que outros tratamentos.

Nichols ***et al*** **(1998) realizaram** um ensaio de campo com doze vacas Holstein de raça múltipla, num esquema de quadrado latino 4 x 4 replicado, para determinar a avaliação da lisina e da metionina protegidas na ruminação. As vacas foram alimentadas com suplementos proteicos: 1) farinha de soja, 2) farinha de soja mais lisina e metionina protegidas ruminalmente, 3) grãos de destilação de milho e 4) grãos de destilação de milho mais lisina e metionina protegidas ruminalmente. Observaram que a produção de leite aumentou com os grãos de destilação de milho (34,3, 34,0, 35,3 e 36,7 kg/d para as vacas alimentadas com as dietas 1 a 4, respetivamente), especialmente quando suplementadas com lisina e metionina protegidas por via ruminal. Além disso, a produção e a percentagem de proteínas do leite aumentaram com a suplementação de aminoácidos, mas a produção e a percentagem de gordura do leite não foram afectadas pela dieta.

Numa experiência realizada por **Xu *et al* (1998)**, 56 vacas multíparas da raça Holstein, 3 semanas antes do parto, receberam rações à base de silagem de erva com 1) grãos de destilação de milho; 2) uma mistura de farinha de sangue, farinha de peixe e farinha de carne e ossos como fontes de aminoácidos; 3) lisina e metionina protegidas por via ruminal adicionadas como cobertura à ração (1) para fornecer 27 g/d de lisina e 8 g/d de metionina como aminoácidos disponíveis no duodeno; e 4) aminoácidos protegidos por via ruminal como cobertura à ração (1) para fornecer 40 g/d de lisina e 13 g/d de metionina como aminoácidos disponíveis no duodeno. Verificaram que a produção de leite, o leite corrigido para 4% de gordura, a percentagem de gordura do leite e a percentagem de proteínas do leite eram significativamente maiores quando as vacas eram alimentadas com rações suplementadas com aminoácidos protegidos no rúmen (4) ou ração (3).

Além disso, **Kudrna *et al* (1998)** dividiram 28 vacas em lactação em 2 grupos de 14 vacas cada. As vacas foram alimentadas durante 30 dias com uma dieta à base de silagem de milho e erva suplementada com metionina protegida do rúmen (Smartamine M) (RPM) 0 ou 12 g/cabeça diariamente. Houve 3 períodos de teste cada, com e sem adição de RPM. Observaram que a produção média diária de leite nos 3 períodos para os grupos 1 e 2 foi de 36,24 e 39,26; 36,08 e 38,24; e 33,70 e 35,24 kg, respetivamente. Além disso, os resultados indicaram que a RPM suplementar aumentou a produção média diária de leite nos primeiros 70 a 100 dias de lactação em 3,02 kg e aumentou a concentração de proteína e sólidos sem gordura no leite, mas não teve efeito sobre a concentração de lactose no leite.

Outro estudo sobre a aplicação de metionina encapsulada/protegida (5 g/cabeça) na dieta de 36 cabras leiteiras alpinas foi realizado em duas explorações por **Bacar-Huskic *et al* (1998).** Eles relataram que a suplementação de metionina protegida aumentou a produção de leite das cabras em ambas as explorações sem afetar a composição do leite (proteína total e gordura).

Além disso, **Sevi *et al* (1998)** estudaram o efeito da suplementação da dieta com metionina e lisina protegidas pelo rúmen (RPMe +Ly) na produção de leite em 40 ovelhas Comisana, divididas em 4 grupos, cada um composto por 10 ovelhas, e alojadas durante 12 semanas em recintos com cama de palha . As ovelhas foram alimentadas com feno de alfafa, palha de trigo e um concentrado peletizado contendo 18,5 ou 14% de proteína bruta de matéria seca com ou sem adicional (RPMe+Ly), para obter os seguintes 4 tratamentos dietéticos. Verificaram que as ovelhas que receberam as dietas suplementadas com aminoácidos protegidos tiveram uma maior produção de leite, proteína do leite, gordura do leite e lactose do leite. Além disso, a proporção de aminoácidos essenciais no leite foi mais elevada nos grupos que receberam aminoácidos protegidos do que nos que não receberam suplementos.

Num ensaio realizado com 28 vacas multíparas no início da lactação por **Iwanska *et al* (1999)**. As vacas foram distribuídas aleatoriamente por dois grupos de tratamento, um grupo de controlo e um grupo que recebeu um tratamento suplementar de metionina protegida no rúmen (RPMet) (12 g / vaca / dia, administrado 1-120 dias após o parto; Smartamine M). A dieta foi formulada para satisfazer as necessidades de proteína e energia líquida. Os autores relataram que a suplementação com (RPMet) na dieta teve médias diárias de produção de leite, de gordura e de proteína do leite significativamente mais elevadas do que o grupo de controlo. A produção média diária de leite, a proteína do leite e a gordura do leite aumentaram 2,4 kg, 108 g e 124 g, respetivamente. Os teores médios diários de proteína e caseína do leite aumentaram 1,8 g e 0,9 g e o teor de gordura do leite aumentou 1,2 g em 1 kg de leite, respetivamente.

Além disso, **Vanhatalo *et al* (1999)** estudaram a resposta de vacas leiteiras alimentadas com dietas de silagem de erva a infusões abomasais de histidina isolada ou em combinações com metionina e lisina. Verificaram que as combinações de aminoácidos não produziram quaisquer respostas adicionais em comparação com a histidina isolada. No entanto, a percentagem de proteínas do leite foi ligeiramente mais elevada e a percentagem de gordura tendeu a ser mais elevada quando a metionina, em vez da lisina, foi infundida com histidina.

Schmidt *et al* (1999) verificaram que a produção diária de leite era superior ($P<0,05$) em 1,24 litros e que o teor de gordura do leite também aumentava de 3,10 para 3,91% ($P<0,05$) quando se suplementava com 18,09 Mepron®M85 (metionina protegida) por dia/vaca, em comparação com o grupo de controlo. Além disso, **Wang *et al* (1999)** registaram que a suplementação de metionina protegida aumentou a produção diária de leite em 1,34 kg/cabeça e aumentou o teor de proteínas do leite em 5,4% e o teor de gordura do leite em 3,6% em relação ao controlo, mas o teor de gordura do leite foi 2,6% inferior ao controlo quando as vacas foram alimentadas com 0,17% de metionina protegida adicionada aos concentrados.

Além disso, em três ensaios de **Hadjipanayiotou *et al* (1999)** usaram 38 ovelhas em lactação, 24 cabras Damascus e 13 vacas Friesian para estudar o efeito do suplemento de aminoácidos (Amino 2000) na produção e composição do leite. Observaram que a adição do suplemento de aminoácidos (AA) resultou num aumento significativo da produção de leite apenas no ensaio com vacas (vacas: controlo 26,9, AA 30,1; cabras: controlo 2,25, AA 2,38; ovelhas no período pré-desmame: controlo 3,69, AA 3,89; ovelhas no período pós-desmame: controlo 1,96, AA 2,13 kg/cabeça por dia). Além disso, todos os componentes do leite foram insignificantemente (P>0,05) mais elevados no grupo AA do que no controlo nos três percursos.

Dezoito búfalas no início da lactação foram divididas ao acaso em três grupos experimentais de seis animais cada **(Bharadwaj e Sengupta, 1999)**. O grupo de controlo foi alimentado com uma mistura de concentrado contendo bagaço de colza como principal fonte de proteínas alimentares. Os animais dos outros dois grupos de tratamento foram alimentados com uma mistura de concentrados contendo uma combinação de proteínas (T1) ou com alimentos proteicos de passagem disponíveis no mercado (T2). Todas as búfalas receberam forragem verde e seca para satisfazer as suas necessidades totais de matéria seca. Verificaram que a produção média diária de leite e a produção de MFC eram significativamente mais elevadas no grupo de tratamento alimentado com ração proteica protegida, em comparação com o grupo de controlo e o grupo T1. Os teores de gordura, proteína e sólidos totais do leite também foram significativamente mais elevados no grupo alimentado com proteína protegida, em comparação com o grupo de controlo. Os tratamentos de alimentação não tiveram um efeito significativo no teor de sólidos do leite sem gordura e de lactose durante o período experimental.

Efeito da alimentação de 0 ou 20 g /dia de metionina protegida no rúmen em vacas holstein por **Shibano *et al* (2000).** Observaram que a maior produção de leite, bem como as percentagens de proteína do leite e de sólidos sem gordura (SNF) aumentaram significativamente quando foi administrada metionina protegida no rúmen.

Além disso, **Izumi *et al* (2000)** dividiram trinta e seis vacas Holstein em dois grupos de 18 cada (controlo, experimental). Os grupos experimentais receberam 15 g/d de metionina protegida no rúmen (Mepron®M85) da 4ª à 26ª semana pós-parto. Todas as vacas foram alimentadas com uma quantidade semelhante de forragem, incluindo silagem de alfafa, silagem de milho e silagem de rabo-de-gato. A mistura de concentrado foi oferecida em proporção à produção de leite de cada vaca. Verificaram que a produção de leite tendia a manter-se mais elevada no grupo suplementado do que nos controlos durante a suplementação com metionina protegida. A percentagem de gordura do leite, a proteína do leite e os sólidos - sem gordura não foram afectados pelo tratamento.

Além disso, **Younge *et al* (2001)** utilizaram vinte e quatro vacas viteladas no outono, que receberam uma dieta à base de silagem de erva, para avaliar a influência de concentrações variáveis de lisina e metionina absorvíveis na dieta. As vacas foram afectadas a quatro tratamentos numa sequência equilibrada de quadrados latinos. Os tratamentos consistiram em silagem de erva sem crescimento primário mais (1) 7 kg por vaca e por dia de um concentrado de subproduto (C), (2) C mais 4,8 g de metionina DL absorvível (Me+DI) por dia (CM), (3) C mais 4,8 g de Met DI e 6,2 g de L-lisina absorvível (Lys DI) por dia (CML) e (4) 7 kg por vaca e por dia de concentrado de cevada/polpa de beterraba/farinha de soja mais 7,7 g de Met DI por dia (BSM). Os aminoácidos (AA) foram fornecidos numa forma protegida do rúmen (Smartamine™). Eles descobriram que a concentração de proteína do leite (P<0,001) e o rendimento (P<0,01) foram maiores no tratamento CML e a concentração de proteína foi maior (P<0,001) no tratamento BSM em comparação com os tratamentos C e CM. O tratamento BSM deu uma produção de leite menor (P<0,01) do que o tratamento CML. Além disso, a concentração de caseína foi maior (P<0,01) no BSM do que nos outros três tratamentos e foi maior (P<0,05) no CML do que no C.

Além disso, **Misciattelli *et al* (2001)** estudaram o papel do aumento do fornecimento pós-ruminal de lisina (Lys) e metionina (Met) num ensaio de produção que envolveu 64 vacas leiteiras. Utilizaram quatro rações basais, duas formuladas para serem pobres em (Lys) e duas formuladas para serem pobres em (Met), e as mesmas quatro rações foram fortificadas com (Lys) e (Met) protegidos no rúmen, respetivamente. Eles relataram que a suplementação com (Met) protegido levou a um aumento significativo nos teores de gordura e proteína do leite. Além disso, a suplementação com (Lys) e (Met) protegidos aumentou a produção de proteína, mas os efeitos do tratamento não foram estatisticamente significativos. Além disso, **Rulquin *et al* (2001)** registaram que o aumento do fornecimento pós-ruminal de lisina ou leucina levou a um aumento do teor de proteínas do leite até 4 g/kg, mas apenas 2 g/kg com maior metionina pós-ruminal, em ruminantes.

Numa experiência realizada por **Fahey *et al* (2002)**, 151 vacas Holstein Friesian, uma semana após o parto, receberam uma de duas dietas: (1) dieta completa sem suplemento de silagem de milho, enquanto estavam alojadas antes de serem levadas para pastagens perenes e (2) a mesma dieta com 400 g por vaca e por dia de suplemento com sais de cálcio de ácidos gordos de cadeia longa e análogo hidroxilado de metionina (Megalac Plus). Observaram que as vacas que receberam o suplemento tiveram maior produção de leite e de lactose e menores percentagens de proteína e gordura do leite (P<0,05).

Furthmore, **Demeterova *et al* (2002)** alimentaram trinta vacas leiteiras com sabões de cálcio de ácidos gordos ((SFA) 390g por cabeça diariamente (CSFA-0,5 kg Megalac® por cabeça diariamente) ou 180 g por cabeça de proteína protegida (farinha de sementes de colza) com 230 g (SFA por cabeça diariamente (CSFA + P - 0,9 kg Megapro® por cabeça diariamente) como parte da sua ração diária composta por silagem de milho, feno de alfafa/lagem, feno e concentrado. Eles descobriram que a adição de CSFA e CSFA + P aumentou a produção de leite, a produção de gordura do leite e a produção de proteína do leite.

Além disso, **Noftsger e St-Pierre (2003)** distribuíram trinta e duas vacas multíparas e 28 primíparas da raça Holstein durante a quarta semana de lactação por um de quatro tratamentos dietéticos. Os tratamentos foram 1) 18,3% de proteína bruta (PC) com baixa digestibilidade intestinal estimada de proteína não degradável no rúmen (RUP) (HiCP - LoDRUP), 2) 18,3% de PC com RUP de alta digestibilidade (HiCP - HiDRUP), 3) 16,9% de PC com RUP de alta digestibilidade (LOCP - HiDRUP), e 4) 17,0% de PC com RUP de alta digestibilidade e metionina suplementar (LoCP - HiDRUP + Met). Os autores relataram que as produções de leite (40,8, 46,2, 42,9 e 46,6 kg/d), as percentagens de proteína (2,95, 2,98, 2,99 e 3,09%) e as percentagens de gordura (3,42, 3,64, 3,66 e 3,73%) para HiCP - LoDRUP, HiCP-HiDRUP, LoCP-HiDRUP e LoCP-HiDRUP + Met, respetivamente.

Por outro lado, num estudo de campo, **Piepenbrink *et al* (1996)** descobriram que a metionina e a lisina protegidas pela ruminação, suplementadas numa dieta de 14% de proteína bruta para vacas, não afectaram a produção de leite, 3,5% de leite corrigido para a gordura, proteína do leite e sólidos do leite sem gordura, mas a produção de gordura do leite, a percentagem de proteína e caseína aumentaram com os aminoácidos protegidos, em comparação com vacas alimentadas com 18% de proteína bruta.

Além disso, **Armentano *et al* (1997)** estudaram a resposta de vacas multíparas da raça Holstein à adição de metionina protegida pela ruminação, com ou sem lisina, a uma ração mista total basal (TMR). A metionina protegida pela ruminação foi adicionada à TMR em concentrações de 5,25 ou 10,5 g/dia. Lisina + metionina foram adicionadas à TMR na concentração de 14,7 + 11,5 g / dia, respetivamente. Verificaram que a produção de leite e a percentagem de gordura do leite não foram afectadas pela suplementação de aminoácidos. Mas a adição de metionina aumentou a percentagem de proteína do leite e a produção linearmente (cada grama de metionina aumentou a produção de proteína do leite em 4 gramas).

Além disso, **Rulquin e Delaby (1997)** dividiram 28 vacas Holstein que pastavam num prado de azevém em dois grupos. As vacas receberam 0 ou 13 g/dia de metionina protegida no rúmen. Eles observaram que a suplementação de metionina reduziu a produção de leite ligeiramente, mas significativamente (26,0 versus 26,5 kg) e aumentou o conteúdo de proteína do leite (31,4 versus 30,6 g/kg), mas o conteúdo de gordura do leite, a produção de gordura e proteína não foram significativamente modificados.

Além disso, **Lopez *et al* (1998)** afirmaram que o fornecimento de metionina protegida à ração de vacas leiteiras em explorações comerciais não teve qualquer efeito na produção de leite, mas o fornecimento de metionina protegida aumentou o teor de proteínas do leite.

Agora, podemos mostrar o comentário ilustrado por **Dinn *et al* (1998)**, que atribuíram dezoito vacas Holstein aleatoriamente a sequências de tratamento num desenho de quadrado latino 3 x 3 replicado. As rações diferiam em termos de percentagem de PC (18,3, 16,7 e 15,3% para as rações 1, 2 e 3, respetivamente), mas a energia manteve-se constante. As rações 2 e 3 foram suplementadas com lisina (Lys) e metionina (Met) protegidas pelo rúmen. Descobriram que as vacas alimentadas com a ração 1 tinham uma maior produção de leite (34,2 versus 32,8 kg/d) do que as vacas alimentadas com as rações 2 ou 3, mas a produção de proteínas do leite não era diferente entre os grupos. A secreção de azoto do leite como percentagem da ingestão de azoto aumentou com as rações suplementadas com aminoácidos protegidos.

Além disso, **Robinson *et al* (1998)** alimentaram trinta vacas Holstein com rações que continham silagem de rabo-de-gato, silagem de milho, cevada, farinha de glúten de milho e farinha de soja num estudo de 20 semanas. Os tratamentos foram: 1) sem aminoácidos suplementares, 2) 21 g/dia de lisina disponível no intestino e 3) 22 g/dia de lisina disponível no intestino e 6 g/dia de metionina disponível no intestino. Eles observaram que não houve efeito significativo na produção de leite e na composição do leite com a suplementação de lisina protegida ou lisina e metionina. Além disso, **Bertrand *et al* (1998)** verificaram que a produção de leite, a gordura do leite e o leite corrigido para a gordura não foram afectados nas vacas suplementadas com lisina e metionina protegidas por via ruminal, mas as percentagens de proteína do leite, azoto total e azoto da caseína aumentaram com a adição de aminoácidos protegidos por via ruminal.

Cinco vacas Fiinnish Ayrshire canuladas no rúmen foram utilizadas em duas experiências de quadrado latino 5 x 5 realizadas por **Varvikko *et al* (1999)** para estudar a lactação e as respostas metabólicas a doses crescentes de DL-metionina ou L-lisina no abomaso. Os tratamentos experimentais foram 0, 10, 20, 30 ou 40 g de metionina / dia (Experiência 1) e 0, 15, 30, 45, ou 60 g de lisina / dia (Experiência 2). Descobriram que a infusão de metionina não afectou significativamente a produção diária de leite, mas aumentou o teor de gordura do leite, a produção de leite com correção de energia e a produção de ácidos gordos C4 a C14 e C18 a C20 no leite. Além disso, a infusão de lisina não afectou a produção de leite ou a composição do leite, exceto no que diz respeito ao aumento dos teores de ureia e NPN no leite.

Soder e Holden (1999) alimentaram seis vacas Holstein com uma ração mista total comum contendo silagem de milho, silagem de leguminosas, feno de leguminosas picado e um grão que foi coberto com um de três tratamentos. Os tratamentos consistiram em 1) 0 g/dia de Mepron®85, 2) 15 g/dia de Mepron®85 (11 g de metionina protegida no rúmen), ou 3) 30 g/dia de Mepron®85 (22 g de metionina protegida no rúmen). Eles relataram que a produção e a composição do leite não foram afetadas pelos tratamentos. Também **Pacheco-Rios *et al* (1999)** registaram que a suplementação com metionina protegida não teve efeitos significativos na produção de leite, ou nos componentes e percentagens do leite.

Pisulewski e Kowalski (1999) utilizaram cinco vacas polacas vermelhas e brancas, nas semanas 8-12 de lactação, num tratamento em quadrado latino 5 x 5. As vacas foram alimentadas com uma ração mista total com silagem de erva e concentrado. Os cinco tratamentos consistiram em suplementos dietéticos de L-lisina e DL-metionina protegidas (Smartamine ML) e DL-metionina (Samrtamine M), administrados nas seguintes quantidades: (1) 0 g/dia + 0 g/d; (2) 35 g/dia + 0 g/d; (3) 35 g/dia + 10 g/dia; (4) 35 g/dia + 20 g/d; (5) 35 g/dia + 30 g/dia. Verificaram que a produção de leite, a proteína do leite, a produção de gordura do leite e o teor de gordura do leite não diferiram entre os tratamentos. No entanto, a produção de proteína do leite tendeu a aumentar e o teor de proteína do leite foi elevado ($P<0,05$) nos últimos quatro tratamentos.

Além disso, **Robinson *et al* (1999)** alimentaram quatro vacas Holstein com uma dieta basal equilibrada com o Cornell Net Protein and Carbohydrate System (CNCPS). As vacas foram suplementadas com nenhum aminoácido (controlo); lisina e metionina numa forma protegida da ruminação; isoleucina por infusão abomasal; ou lisina, metionina e isoleucina numa disposição de tratamentos em quadrado latino 4 x 4 com períodos de 28 dias. Descobriram que produção de leite, gordura do leite e lactose do leite não foram afectadas por nenhum tratamento, no entanto a percentagem de proteína do leite tendeu a ser mais elevada quando as vacas foram alimentadas com dietas suplementadas com lisina e metionina protegidas ruminalmente. Além disso, **Robinson *et al* (2000)** observaram que a suplementação com lisina protegida, metionina ou ambas não teve efeito significativo na produção e composição do leite em vacas Holstein.

Num estudo realizado por **Liu *et al* (2000)**, foram utilizadas doze vacas Holstein com uma média de 83 dias pós-parto para determinar a eficácia da lisina e metionina protegidas na ruminação (RPLM) na melhoria da utilização de grãos de destilação de milho (CDG) como suplemento proteico para vacas em lactação. Registaram que a produção de leite, a produção e a percentagem de gordura do leite não foram afectadas pelos tratamentos, mas as percentagens de proteína do leite tenderam a ser mais elevadas quando as vacas foram alimentadas com RPLM.

Além disso, **Krober (2000b)** estudou o efeito da metionina protegida no rúmen numa ração com baixo teor de proteínas sobre o desempenho de vacas em início de lactação. Utilizaram três rações que continham 175, 150 ou 125 g de proteína bruta/ kg de matéria seca alimentar suplementada com metionina protegida. A quarta ração, também contendo apenas 125 g de proteína bruta / kg de matéria seca, não foi suplementada. Verificaram que os tratamentos não afectaram a produção de leite, o rendimento da composição do leite e a percentagem de leite, exceto o teor e o rendimento de proteínas do leite, que foi significativamente inferior na ração não suplementada.

Num estudo de alimentação realizado por **Sancanari *et al* (2001)** para detetar o efeito de 8,4 g/dia de metionina protegida no rúmen (RPM) ou suplemento de metionina não protegida no rúmen (RNPM) na dieta das vacas sobre a produção e composição do leite durante 90 dias de lactação. As vacas foram alimentadas com uma ração mista total composta por silagem de milho e concentrado. Observaram que a produção de leite, o leite com 3,5% de gordura corrigida (FCM) e a produção de proteína do leite não foram afectados pela suplementação com RPM ou RNPM. O teor de gordura foi afetado ($P<0,05$) pela suplementação com RPM. O teor de gordura foi de 2,39, 2,12 e 1,89% para RPM, RNPM e controlo, respetivamente.

Além disso, **Pisulewski *et al* (2002)** usaram doze vacas multíparas que foram distribuídas em dois arranjos factoriais (2 x 2) de tratamentos num desenho de mudança equilibrado envolvendo dois níveis de proteína dietética (adequada versus inadequada) e dois níveis de DL-metionina protegida ruminalmente (Smartamine^{TM}M: 0 versus 20 g/dia). Não encontraram efeitos da suplementação com metionina na produção de leite, na produção de leite corrigida pela gordura, na gordura do leite, nos sólidos do leite sem gordura e na lactose, mas a produção de proteína do leite aumentou significativamente ($P<0,05$) com vacas alimentadas com um nível adequado de proteína.

Num ensaio com trinta e duas vacas Holstein, **Ouellet *et al* (2003)** distribuíram aleatoriamente as vacas por quatro tratamentos. Os tratamentos foram: silagem de milho processada (PCS) mais (RPAA) aminoácidos protegidos pela ruminação (3 g/d de lisina e 14 g/d de metionina), PCS sem RPAA, silagem de milho não processada (UCS) mais RPAA e UCS sem RPAA. Eles descobriram que a suplementação com RPAA não teve efeito nem na produção de leite nem nos constituintes do leite, quer tenha sido usada com silagem de milho processada ou com silagem de milho não processada.

Além disso, **Noftsger *et al* (2005)** utilizaram oito vacas canuladas ruminalmente num desenho de quadrado latino 4 x 4 replicado para determinar a degradabilidade ruminal e os efeitos ruminais de três fontes de metionina. Os tratamentos foram 1) controlo (sem metionina), 2) ácido 2-hidroxi -4- (metiltio) - butanóico (HMB) a 0,10% da matéria seca, 3) ácido isopropil -2-hidroxi -4- (metiltio) - butanóico (HMBi) a 0,13% da matéria seca e 4) DL-metionina (Met) a 0,088% da matéria seca. As dietas eram idênticas, exceto no que diz respeito ao tipo de suplemento de Met, e baseavam-se em silagem de milho e feno de luzerna a 30 e 13% da matéria seca da dieta, respetivamente. Eles observaram que a produção de leite e a concentração de gordura não foram significativamente diferentes para o controle, HMB, HMBi e Met, mas a concentração de proteína do leite (2,91, 2,95, 3,02 e 2,96±0,07%, respetivamente) foi significativamente aumentada pelo tratamento com HMBi.

4. Efeito da suplementação com aminoácidos protegidos do rúmen nos parâmetros sanguíneos

Piepenbrink *et al* (1996) estudaram a resposta de vacas alimentadas com dietas de baixa proteína bruta à metionina e à lisina protegidas por via ruminal. Observaram que a suplementação de metionina e lisina protegidas por via ruminal aos 14% de proteína bruta aumentava linearmente a concentração de metionina no plasma e quadraticamente a concentração de lisina no plasma.

Além disso, **Rulquin e Delaby (1997)** dividiram 18 vacas Prim' Holstein em dois grupos iguais, em que o primeiro grupo era de controlo ou o segundo grupo era suplementado com 13 gramas/dia de metionina protegida no rúmen. Verificaram que a suplementação com metionina protegida aumentou significativamente o nível de metionina no plasma em 27% (0,30 versus 0,38 mg/100ml; $P<0,05$), o que demonstrou a eficácia da proteção utilizada. Os outros aminoácidos, pelo contrário, não foram significativamente afectados.

Além disso, **Blauwiekel *et al* (1997)** referiram que a concentração de lisina no plasma aumentou quando foram administrados 15 gramas/dia de lisina protegida por via ruminal a vacas Holstein em lactação.

Além disso, **Overton *et al* (1998)** alimentaram vacas multíparas da raça Holstein com dietas constituídas por silagem de luzerna, silagem de milho e uma mistura de concentrados contendo principalmente milho moído sem casca ou glúten de milho; as dietas foram suplementadas com 0 ou 20 g/d de metionina protegida no rúmen. Registaram que a metionina protegida pelo rúmen aumentava a concentração de metionina, mas diminuía a concentração de histidina e tendia a diminuir as concentrações de arginina, lisina e ornitina. Observaram também que as concentrações de azoto ureico no plasma não foram afectadas pelos tratamentos.

Bertrand *et al* (1998) verificaram que as concentrações plasmáticas de metionina, mas não de lisina, aumentavam quando a lisina e a metionina protegidas pelo rúmen eram administradas a vacas Jersey. Os mesmos resultados foram observados por **Dinn *et al* (1998),** que referiram que a suplementação com lisina e metionina protegidas pelo rúmen aumentava (P<0,05) as concentrações de metionina no plasma, mas as concentrações de lisina não eram influenciadas. Acrescentaram que o hematócrito e as concentrações de glucose no sangue não foram afectados (P>0,05) pelo suplemento de lisina e metionina protegida pelo rúmen. Por outro lado, os valores de azoto ureico no sangue diminuíram (P<0,05) com a suplementação de metionina e lisina protegidas pelo rúmen.

Xu *et al* (1998) alimentaram cinquenta e seis vacas multíparas da raça Holstein com rações à base de silagem de erva com 1) ração de controlo negativo (NCR); 2) ração de controlo positivo (PCR); 3) NCR mais 28 g/d de lisina protegida e 8 g/d de metionina protegida e 4) NCR mais 40 g/d de lisina protegida e 13 g/d de metionina protegida. O estudo prolongou-se por 43 semanas. Verificaram que as concentrações de transaminase glutâmico-oxaloacética (TGO), transaminase glutâmico-pirúvica (TGP), triglicéridos e ácidos gordos não esterificados no sangue das vacas alimentadas com a ração 4 durante as primeiras 8 semanas de lactação eram inferiores às das vacas alimentadas com as outras três rações. Observaram também que a ureia no sangue era mais elevada (P<0,05) para as vacas alimentadas com a ração 2 do que para as vacas alimentadas com a ração 3 ou com a ração 4; no entanto, a concentração de glucose no sangue era semelhante em todas as rações.

Varvikko *et al* (1999) estudaram a lactação e as respostas metabólicas a doses abomasais graduais de metionina e lisina em vacas Ayrshire alimentadas com dietas de silagem de erva. Observaram que a infusão de metionina provocava um aumento da concentração de metionina no plasma arterial e uma diminuição dos aminoácidos de cadeia ramificada. Além disso, a infusão de lisina aumentou a lisina plasmática, os aminoácidos de cadeia ramificada, o rácio de aminoácidos essenciais e o rácio aminoácidos essenciais/aminoácidos totais. Além disso, **Iwanska *et al* (1999)** registaram um aumento (P<0,05) do teor de metionina no plasma sanguíneo (48,3%) e melhoraram a concentração plasmática de isoleucina, lisina e cistina em 18,6%, 16,2% e 6,0%, respetivamente, em relação à ração de controlo e um aumento insignificante da concentração sérica de alguns aminoácidos não essenciais quando suplementaram a ração de vacas multíparas pretas e brancas com 12 g/dia de Smartamine (metionina protegida).

Bharadwaj e Sengupt (1999) dividiram 18 búfalas Murrah no início da lactação em três grupos experimentais de seis animais cada. O grupo de controlo foi alimentado com uma mistura de concentrados contendo bagaço de colza como principal fonte de proteínas alimentares, enquanto as búfalas dos outros dois grupos de tratamento foram alimentadas com uma mistura de concentrados contendo uma combinação de proteínas (T1) ou com alimentos proteicos de passagem disponíveis no mercado (T2). Verificaram que os níveis médios de glucose plasmática e de ácidos gordos livres não diferiram significativamente nos diferentes tratamentos alimentares. No entanto, os níveis plasmáticos de azoto ureico foram significativamente mais baixos no grupo alimentado com proteína protegida (T2) do que nos outros dois grupos de tratamento , mas os valores plasmáticos de azoto ureico foram significativamente mais elevados no grupo T1 do que no grupo de controlo.

Izumi ***et al*** **(2000)** dividiram trinta e seis vacas leiteiras Holstein em dois grupos de 18 cada (controlo / experimental) para avaliar o efeito de um suplemento de metionina protegida no rúmen (RPMet). O grupo experimental recebeu 15 g/dia de RPMet (Mepron®85) da 4ª à 26ª semana pós-parto. Não foi encontrada qualquer diferença na concentração de azoto ureico no sangue em nenhum dos grupos.

Krober ***et al*** **(2000b)** utilizaram 24 vacas multíparas em início de lactação da raça Pardo-Suíça, que foram distribuídas igualmente por quatro rações. Três rações contendo 175, 150 e 125 g de proteína bruta / kg de matéria seca da ração foram suplementadas com 0,75 g/kg de matéria seca da ração de metionina protegida no rúmen (Mepron®85). A quarta ração, também contendo apenas 125 g de proteína bruta / kg de matéria seca, não foi suplementada. Registaram que a glicose no plasma sanguíneo e o L-lactato foram mais elevados (P<0,01) na ração suplementada com metionina protegida, mas a creatinina no plasma sanguíneo, os triglicéridos e a oruitina não foram afectados pela ração suplementada com metionina protegida no rúmen.

Vinte e quatro vacas paridas no outono, com uma dieta de erva-silagem, foram utilizadas para avaliar a influência de concentrações variáveis de lisina e metionina absorvíveis na dieta, **Younge** ***et al*** **(2001)**. As vacas foram bloqueadas de acordo com a data de parto e a produção de leite e distribuídas por quatro tratamentos. Os tratamentos consistiram em erva-silagem de crescimento primário não diluída mais (1) 7 kg por vaca por dia de um concentrado de subprodutos (C), (2) C mais 4,8g de metionina DL absorvível (Me+DI) por dia (CM), (3) C mais 4.8g MetDI e 6,2 g de L-lisina absorvível (LysDI) por dia (CML) e (4) 7 kg por vaca por dia de concentrado de cevada / polpa de beterraba / farinha de soja mais 7,7 g Me+DI por dia (BSM). Observaram que a concentração de ureia no plasma sanguíneo no BSM era mais elevada (P<0,001) do que nos outros três tratamentos. Além disso, as concentrações de β-hidroxibutirato foram mais elevadas (P<0,05) neste tratamento em comparação com C e CML. A concentração de magnésio foi mais elevada (P<0,05) no BSM do que no CML. Também não foram encontradas diferenças significativas entre os tratamentos para proteínas totais, albumina, globulina, glucose e cálcio.

Krober ***et al*** **(2001)** alimentaram 24 vacas multíparas da raça Pardo-Suíça com rações calculadas como deficientes em leucina e metionina com a suplementação de um ou de ambos os aminoácidos. Verificaram que os triglicéridos plasmáticos aumentaram ($P<0,05$) e o β-hidroxibutirato plasmático aumentou ($P<0,001$) com a suplementação de metionina, mas não se registaram diferenças significativas nas proteínas totais plasmáticas, na albumina plasmática e na glicose plasmática com a suplementação de metionina.

Kholif e Kholif (2003) dividiram nove cabras lactantes no início da lactação em três grupos. A dieta de controlo utilizada consistia em berseem e concentrados (1:1, base de matéria seca) (I). As duas dietas experimentais utilizadas foram: controlo + 5 g/h/d de smatramina (metionina protegida) (II) e controlo + 10 g/h/d de smartamina (III). Verificaram que não existiam diferenças significativas entre os tratamentos para os parâmetros do soro sanguíneo, tais como proteínas totais, albumina, globulina, relação A/G, ureia, glicose, lípidos totais, colesterol, glutamato oxaloacetato transaminase (GOT) e glutamato piruvato transaminase (GPT).

Capítulo 3

III. MATERIAIS E MÉTODOS

Este estudo foi efectuado na Estação Agrícola Experimental do Centro de Investigação de Substitutos do Leite e na Quinta Experimental em Shalakan, Faculdade de Agricultura, Universidade de Ain Shams e Departamento de Ciência dos Lacticínios, Centro Nacional de Investigação, Dokki, Giza.

1. Material de estudo

1.1. SmartamineTMM (metionina protegida)

É importado da RHONE-POULENC Animal Nutrition Company, em França, e consiste em 70% de DL-Metionina, ácido esteárico, 3% de Poli (2- vinilpiridina-citireno).

O polímero é estável ao pH ruminal, mas decompõe-se quando é exposto ao pH abomasal, libertando a metionina livre para absorção no intestino delgado.

1.2. Lisina

É produzido pela The Egyptian Company for Chemicals and Pharmaceuticals "ADWIA", contém 67% de L-Lysine-HCL. O método utilizado para a proteção do aminoácido lisina é o seguinte: O aminoácido lisina foi pulverizado com formaldeído (40%) calculado para fornecer 1gm de formaldeído (HCHO) /100gm de proteína bruta **(Fergueson 1975)**. A lisina tratada foi armazenada durante 7 dias em sacos de plástico à temperatura ambiente antes de ser utilizada.

2. A primeira experiência (em cabras)

Nesta experiência, os aminoácidos protegidos experimentais (Metionina, Lisina e Metionina + Lisina) foram testados em caprinos machos para avaliar os seus efeitos na digestibilidade e nos metabolitos do licor ruminal.

2.1. Rações experimentais

Na primeira experiência, foram utilizadas quatro rações experimentais, como se segue:

1- Controlo (C): 70% de mistura de alimentos concentrados (CFM) + 30% de palha de arroz (RS) - Em base de matéria seca.

2- Controlo + 7g de Smartamine^{TM}M (metionina protegida) (Me).

3- Controlo + 21 g de lisina protegida (Ly).

4- Controlo + 7 g de Smartamine^{TM}M + 21 g de Lisina protegida (Me+Ly).

A composição química dos ingredientes é apresentada na Tabela (1).

Tabela (1): Composição química da mistura de alimentos concentrados para animais (CFM), berseem (B), palha de arroz (RS), samartamina^{tm} M (Me) e lisina protegida (Ly) (com base na matéria seca).

Items	Diet ingredients				
	CFM*	B	RS	Me	Ly
Dry matter	91.29	13.3	92.85	95.93	94.60
Organic matter	89.89	88.2	84.55	96.55	97.69
Ash	10.11	11.80	15.45	3.45	2.31
Crude protein	14.15	14.2	3.5	-	-
Methionine	-	-	-	68.23**	-
Lysine	-	-	-	-	63.61$^{\phi}$
Ether extract	4.05	2.6	2.10	8.60	4.10
Crude fiber	15.33	27.5	33.9	0	3.30
Nitrogen-free-extract	56.36	43.9	45.05	19.72	26.68

* O CFM consistia em 25% de farinha de sementes de algodão não descorticada, 35% de farelo de trigo, 30% de milho, 3% de farelo de arroz, 3% de melaço, 2% de calcário, 1% de ureia e 1% de sal (NaCl).

** O azoto total é multiplicado por (11.1).

$^{\phi}$O azoto total é multiplicado por (5.26).

2.2. Gestão dos animais

Foram utilizados quatro caprinos machos da raça Balady, com cerca de 3 anos de idade e 25-32 kg de peso vivo, em experiências de quadrado latino 4 x 4, concebidas para 4 meses (períodos experimentais). As quantidades de alimentos diários foram avaliadas para cobrir as necessidades de manutenção **(ARC,1983)**. O CFM foi oferecido uma vez por dia às 8:00 da manhã, enquanto as forragens grosseiras foram oferecidas às 10:00 da manhã. O suplemento diário de aminoácidos protegidos foi misturado com o CFM, imediatamente antes da alimentação, para garantir que cada animal tivesse consumido o seu próprio suplemento. O ensaio de digestão consistiu num período preliminar de 23 dias, seguido de um período de 7 dias de recolha total de fezes.

2.3. Recolha de fezes

As fezes foram recolhidas quantitativamente de cada animal e pesadas frescas.

Amostras de 10% do total diário de fezes foram retiradas e pulverizadas com duas soluções de formaldeído a 10% e ácido sulfúrico a 10%, respetivamente, e depois secas na estufa a 70°C durante 24 horas. As amostras de fezes secas foram guardadas individualmente em sacos de polietileno para análise química. Os resíduos de alimentos, caso existam, também foram registados.

2.4. Amostragem do licor ruminal

Foram colhidas amostras de licor ruminal por sonda gástrica de cada animal no final do período de recolha. As amostras foram colhidas antes da alimentação (tempo 0), 3 e 6 horas após a alimentação com concentrado. As amostras de rúmen foram filtradas através de duas camadas de pano de queijo e utilizadas o mais rapidamente possível para a medição do pH. O licor ruminal filtrado foi armazenado em frascos de vidro (25 ml) com algumas gotas de tolueno e óleo de parafina apenas para cobrir a superfície e armazenado em congelação (-18°C) até ser analisado quanto ao azoto total, azoto amoniacal, azoto não proteico e ácidos gordos voláteis totais.

3. A segunda experiência (em búfalas em lactação)

3.1. Animais de laboratório

No presente estudo foram utilizadas 12 búfalas em lactação com idades compreendidas entre os 3 e os 7 anos (no terceiro, quinto, sexto e sétimo períodos de lactação). Os animais foram divididos em quatro grupos (três animais cada), de acordo com a produção de leite, utilizando um esquema de quadrado latino 4 x 4. A média geral do peso dos animais variou entre 575-595 kg. O período experimental estendeu-se por 120 dias e consistiu em quatro períodos de 30 dias cada. A produção de leite foi registada diariamente.

3.2. Rações experimentais

Na segunda experiência, foram utilizadas quatro rações experimentais, como se segue:

1- Controlo (C): 70% de mistura de alimentos concentrados (FCM) + 30% de forragens grosseiras (bérberis frescos (B) e palha de arroz (RS), rácio restrito 1: 1 com base na MS).

2- Controlo + 15 g de Smartamine™M (Me) .

3- Controlo + 40 g de lisina protegida (Ly).

4- Controlo + 15 g de Smartamine™M+ 40g de Lisina Protegida (Me + Ly).

A composição química das rações experimentais é apresentada no Quadro (1).

3.3. Gestão

A ração diária oferecida, tanto de concentrado como de alimentos grosseiros, foi avaliada de modo a cobrir as necessidades de manutenção e de produção de cada animal em termos de equivalente de amido (ES) e de proteína digestível (PD), de acordo com **Shehata (1971)**, como se indica a seguir:

Requisitos de manutenção

Cada 450 kg de peso vivo requer 2,75 kg de SE contendo 275 g de PD; e cada ± 50 kg de peso vivo requer ± 0,2 kg de SE e ± 30 g de PD.

Requisitos produtivos

Cada 1 kg de leite com 4% de gordura requer 0,25 kg de SE com 70 gm de DP, e cada ± 1% de gordura requer 0,05 kg de SE e 10 gm de DP. Os animais foram alimentados individualmente. Os concentrados foram oferecidos duas vezes ao dia durante a ordenha, às 5h e às 16h. Berseem e palha de arroz foram oferecidos às 9 e 11 da manhã, respetivamente. Os animais dispunham de água fresca às 9 horas e às 13 horas. As necessidades alimentares foram ajustadas quinzenalmente para cada animal experimental.

3.4. Amostragem do leite

Os animais foram ordenhados à mão duas vezes por dia, às 5 horas da manhã e às 4 horas da tarde. A produção de leite foi registada diariamente durante o período experimental, que se estendeu por 120 dias.

Foram mantidos registos individuais para cada animal. Durante os últimos três dias de cada período experimental, (30 dias) foram recolhidas amostras de leite de cada animal nas ordenhas da manhã e da tarde. Imediatamente após cada ordenha (de manhã e à noite), as amostras de leite foram analisadas para determinação da acidez e do pH. Amostras compostas de leite (relativas à quantidade de leite produzida) foram retiradas das duas ordenhas para determinar os outros componentes do leite.

3.5. Amostragem de sangue

As amostras de sangue foram colhidas no último dia de recolha de leite, quatro horas após a alimentação matinal às 5 horas (concentrado), na veia jugular de todos os animais. As amostras de sangue foram colhidas diretamente em tubos de cultura de vidro limpos e secos e centrifugadas a 4000 r.p.m. durante 20 minutos; o soro sanguíneo foi depois separado num frasco de vidro limpo e seco e armazenado a -18°C até à análise química.

4. Métodos de análise

4.1. Alimentos para animais e análise de faces

A matéria seca (MS), a proteína bruta (PC), o extrato etéreo (EE), a fibra bruta (CF), as cinzas e o extrato isento de azoto (NFE) das rações e dos rostos foram analisados de acordo com a **A.O.A.C. (1995).**

4.2. Análise do fluido ruminal

4.2.1. pH ruminal

O pH do rúmen foi determinado com um medidor de pH digital.

4.2.2. Ácidos gordos voláteis totais (AGVT)

Os ácidos gordos voláteis totais ruminais (AGVT) foram determinados por destilação a vapor , tal como descrito por **Warner (1964).**

4.2.3. Azoto total e azoto não proteico

O azoto total e o azoto não proteico foram determinados pelo método de digestão semi-micro kjeldahl modificado, de acordo com a **A.O.A.C. (1995).**

4.2.4. Concentração de amoníaco-nitrogénio

A concentração de amoníaco N no fluido ruminal foi determinada pelo método de destilação kjeldahl, de acordo com a **A.O.A.C. (1995).**

4.3. Análise do leite

4.3.1. Acidez titulável e pH

A acidez titulável e o pH foram determinados de acordo com os métodos referidos por **Ling (1963)**. Para a medição do pH, foi utilizado um medidor de pH digital com um elétrodo de vidro.

4.3.2. Teor de sólidos totais

O teor de sólidos totais foi determinado pelo método de Majonnier, de acordo com o **Laboratory Manual (1949).**

4.3.3. Teor de matéria gorda

A percentagem de gordura foi determinada pelo método Gerber para o leite, de acordo com o **British Standard Institution (1951).**

4.3.4. Leite corrigido em função da gordura (LCR)

O leite com teor de gordura corrigido (4%) foi calculado pela seguinte equação, de acordo com **Gaines (1928).**

FCM = 0,4 M + 15 F

Em que: M = produção de leite (Kg/d) F= quantidade de gordura = M x % de gordura

4.3.5. Teor de sólidos não gordos

O teor de sólidos não gordos foi calculado pela diferença entre os sólidos totais e o teor de gordura.

4.3.6. Teor total de proteínas

O teor de proteínas totais foi determinado pelo método de destilação semi-micro kjeldahl, de acordo com **Ling (1963)**.

4.3.7. Azoto não-caseína (NCN)

O teor de NCN foi determinado de acordo com **Aschaffenburg e Drewry (1959).**

4.3.8. Teor de caseína

O teor de caseína foi calculado subtraindo os valores de NCN do valor correspondente de azoto total e multiplicado por 6,38 para cada amostra.

4.3.9. Azoto não proteico (NPN)

O teor de NPN foi determinado pelo teor de azoto do sobrenadante de ácido tricholoroacético (TCA) a 12% e multiplicado por 3,60, de acordo com a **A.O.A.C. (1995)**.

4.3.10 Teor de proteínas do soro de leite

O teor de proteínas do soro de leite foi calculado subtraindo os valores de NPN do valor correspondente de NCN e multiplicado por 6,38 para cada amostra.

4.3.11. Teor de lactose

O teor de lactose foi determinado calorimetricamente de acordo com o método de **Barnett e Abd El-Tawab (1957)**.

4.3.12. Teor de cinzas

O teor de cinzas foi determinado de acordo com o método descrito por **Ling (1963)**.

4.4. Análise do soro sanguíneo

4.4.1. Proteínas totais

As proteínas totais do soro foram medidas calorimetricamente pela reação de biureto, de acordo com **Armestrong e Carr (1964)**.

4.4.2. Albumina sérica

A albumina sérica foi determinada por um método calorimétrico baseado nos princípios descritos por **Doumas *et al* (1971)**.

4.4.3. Globulina sérica

A globulina sérica foi calculada subtraindo os valores da albumina do valor correspondente da proteína total para cada amostra.

4.4.4. Rácio albumina: Globulina (relação A/G).

O rácio A/G é calculado dividindo o valor da albumina de cada amostra pelo valor correspondente da globulina.

4.4.5. Ureia sérica

A ureia sérica foi determinada calorimetricamente de acordo com **Patton e Crouch (1977)**.

4.4.6. Creatinina sérica

A creatinina sérica foi determinada calorimetricamente de acordo com **Husdan (1968)**.

4.4.7. Transaminases séricas

A transaminase glutâmico-oxaloacética (TGO) e a transaminase glutâmico-pirúvica (TGP) séricas foram determinadas colorimetricamente de acordo com o método de **Reitman e Frankel (1957)**.

4.4.8. Glicose sérica

A glucose sérica foi determinada colorimetricamente de acordo com **Siest *et al* (1981)**.

4.4.9. Lípidos totais no soro

Os lípidos totais no soro foram determinados colorimetricamente pelo método de **Postma e Stroes (1968)**.

5. Análise estatística

Os dados foram analisados de acordo com o Statistical Analysis System **(SAS, 1998)**. O teste de intervalo múltiplo de Duncan **(Duncan, 1955)** foi efectuado para a separação entre médias.

1- Os dados de produção de leite, composição do leite, DMI, digestibilidade dos nutrientes e parâmetros séricos sanguíneos foram analisados de acordo com o modelo de quadrado latino:

$Y_{ijk} = U + T_i + P_j + A_k + E_{ijk}$

Y: exprime todas as observações do animal K^{th} no período J^{th} dado o tratamento I^{th}, T: exprime o efeito do tratamento, P: exprime o efeito dos períodos, A: exprime o efeito dos animais e E: exprime o erro experimental.

2- Os dados dos parâmetros ruminais foram: analisados segundo o delineamento de parcelas subdivididas onde o modelo foi;

$Y_{ijk} = U + T_i + A_j + E_{1ij} + S_k + (T \times S)_{ik} + E_{2ijk}$

Y: exprime cada observação do tempo K^{th} no animal J^{th} dado o tratamento I^{th}, T: exprime o efeito do tratamento, A: exprime o efeito dos animais, E_1: exprime o erro experimental, S: exprime o efeito das horas de amostragem, (T x S): exprime a interação entre os tratamentos e o efeito das horas de amostragem e E_2: exprime o erro de interação.

Capítulo 4

IV. RESULTADOS E DISCUSSÃO 1. A primeira experiência (em cabras)

1.1. Efeito dos tratamentos no consumo de ração e na digestibilidade dos nutrientes

Os valores médios da ingestão de MS e da digestibilidade dos nutrientes para as cabras que receberam a ração de controlo e as que foram alimentadas com a ração de controlo mais metionina protegida (Me) , lisina protegida (Ly) ou metionina protegida + lisina protegida (Me+Ly) são apresentados no Quadro (2) e na Fig. (1). A ingestão de matéria seca (DMI) no tratamento (Me+Ly) foi superior à registada no tratamento (Me), no tratamento (Ly) e no grupo de controlo (P<0,01), sendo de 640,5, 744, 706,7 e 835,5 g/h/dia, respetivamente para os tratamentos de controlo, Me, Ly e Me+Ly. O valor mais elevado de DMI/Kg ^{0,75} foi obtido pelo tratamento (Me+Ly), seguido pelo tratamento com metionina e depois com lisina. Resultados semelhantes foram comunicados por **Hussien e Berger (1995) e Xu *et al* (1998)**, que verificaram que a adição de aminoácidos protegidos nas rações dos animais aumentava o consumo de ração em relação ao controlo. No entanto, **Iwanska *et al* (1999), Bharadwaj *et al* (2000), Krober *et al* (2000a), Bach *et al* (2000) e Younge *et al* (2001)** referiram que não se registaram melhorias na DMI quando os animais receberam aminoácidos protegidos.

Os presentes dados (Quadro 2) mostraram claramente que o coeficiente de digestibilidade da MS, MO, PC, CF, EE e NFE% foi significativamente (P<0,05) mais elevado nos tratamentos (Me+Ly), (Me) e (Ly) do que no grupo de controlo, enquanto não houve diferenças significativas entre o tratamento (Ly) e o grupo de controlo nas digestibilidades da MS, EE e NFE. No entanto, todos os tratamentos aumentaram significativamente (P<0,01) a digestibilidade dos nutrientes (OM e CP) em comparação com o grupo de controlo (APP.1). Estes resultados estão de acordo com os de **Bacar (1995)**, que referiu que a digestibilidade da proteína bruta foi significativamente melhorada, e **Dinn *et al* (1998)**, que referiu que a digestibilidade da fibra (ADF) foi mais elevada (P<0,05) com tratamentos suplementados com aminoácidos protegidos.

Tabela (2): **Efeito dos suplementos de AA protegidos no rúmen sobre a ingestão de matéria seca (DMI) e a digestibilidade dos nutrientes em cabras.**

Parameter	Treatments				±SE
	C	Me	Ly	Me + Ly	
Dry matter intake					
DMI (g/h/day)	640.5^{C}	744^{B}	706.7^{B}	835.5^{A}	10.98
DMI(g/Kg/wt $^{0.75}$ /day)	51.28	59.56	56.58	66.89	
DMI from concentrate (g/h/day)	443	481.25	484.20	547.0	
DMI from roughage (g/h/day)	197.5	262.75	222.50	288.5	
DMI from concentrate as % of DMI	69.16	64.68	68.51	65.46	
Digestibilities					
DM %	63.45^{B}	69.17^{A}	64.50^{B}	70.97^{A}	0.956
OM %	68.55^{C}	74.49^{A}	71.86^{B}	74.99^{A}	0.545
CP %	64.70^{D}	73.65^{B}	70.60^{C}	76.15^{A}	0.352
CF %	56.35^{B}	61.75^{A}	61.42^{A}	62.40^{A}	0.731
EE %	69.25^{B}	73.72^{A}	71.90^{AB}	74.10^{A}	1.138
NFE %	73.70^{B}	79.56^{A}	76.20^{AB}	79.80^{A}	0.952

Cada valor da média é obtido a partir de 4 valores (4 animais).

As médias com diferentes sobrescritos na mesma linha são significativas (P<0,01).

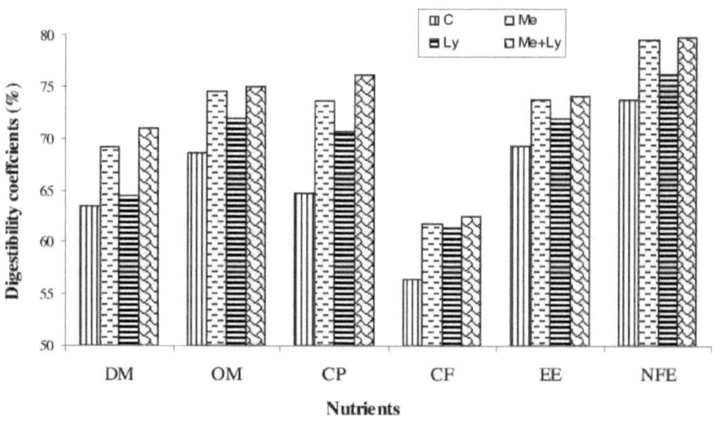

Fig. (1): Efeito dos suplementos de AA protegidos no rúmen sobre os coeficientes de digestibilidade dos nutrientes

No entanto, **Varvikko *et al* (1999) e Klemesrud *et al* (2000)** verificaram que as digestibilidades da matéria orgânica e das proteínas brutas não foram afectadas pelos suplementos de aminoácidos protegidos. A melhoria do coeficiente de digestibilidade das rações com aminoácidos protegidos pode ser ilustrada com base no facto de estes aminoácidos protegidos poderem desempenhar um papel indireto na estimulação da fermentação anaeróbica da matéria orgânica, que melhora a eficiência da utilização dos nutrientes, e um papel direto na melhoria da digestão no abomaso. Além disso, **Blauwiekel *et al* (1997)** verificaram que a suplementação com lisina protegida aumentou o fluxo e a percentagem de lisina na digesta duodenal de vacas Holestein. Além disso, **Berthiaume *et al* (2000) verificaram** que o fluxo de azoto bacteriano e a eficiência bacteriana eram mais elevados em novilhas Holestein não lactantes alimentadas com uma ração suplementada com metionina protegida no rúmen à base de silagem de rabo-de-gato. Não conseguiram encontrar uma explicação clara para este fenómeno.

1.2. Efeito dos tratamentos nos parâmetros ruminais

Os parâmetros mais indicativos determinados neste estudo foram o pH ruminal, o azoto total do TVFA, o azoto não proteico, o azoto proteico verdadeiro e o azoto amoniacal.

1.2.1. pH do licor ruminal

Os valores médios do pH do rúmen nos diferentes tratamentos experimentais, em diferentes épocas de amostragem, dos caprinos machos são apresentados no Quadro (3) e na Fig. (2). Não houve diferenças significativas (P>0,05) entre a média geral do pH ruminal nos diferentes tratamentos. O valor mais baixo do pH ruminal no tempo zero foi registado nos tratamentos Me e Ly, enquanto os valores mais elevados foram registados no Me+Ly e no grupo de controlo. Os valores do pH ruminal diminuíram às 3 horas após a alimentação em todos os tratamentos, tendo o valor mais baixo sido registado no tratamento Me e no tratamento Me+Ly e, em seguida, no tratamento Ly, enquanto o valor mais elevado foi registado no grupo de controlo. Às 6 horas após a alimentação, os valores do pH ruminal aumentaram com todos os tratamentos, tendo o valor mais elevado sido observado no grupo de controlo, seguido do tratamento Me e do tratamento Me+Ly e, finalmente, do tratamento Ly. As médias globais do valor do pH ruminal diminuíram ligeiramente com o grupo Me e aumentaram ligeiramente com o grupo de controlo. Os valores respectivos do pH ruminal foram: 6,45, 6,25, 6,31 e 6,30 para C, Me, Ly e Me+Ly. Resultados semelhantes foram obtidos por **Han *et al* (1996), Dinn *et al* (1998) e Robinson *et al* (2000)**, que concluíram que os aminoácidos protegidos não afectaram o pH ruminal. No entanto, **Bharadwaj *et al* (1999), Demetorova *et al* (2002) e Kholif e Kholilif (2003)**, relataram que houve uma diminuição do pH ruminal quando os aminoácidos protegidos foram suplementados à dieta dos animais. Foram detectadas diferenças significativas (P<0,01) no pH ruminal entre os tempos de amostragem. Os valores do pH ruminal foram os mais elevados (6,59) no tempo zero (antes da alimentação), tendo diminuído (P<0,01) para atingir o valor mais baixo (6,00) às 3 horas após a alimentação e depois aumentado ligeiramente (6,40) às 6 horas após a alimentação. Uma tendência semelhante foi registada por **El-Ashry *et al* (1997).** Os valores mais baixos observados 3 horas após a alimentação para todos os tratamentos podem dever-se à oferta de mistura de alimentos concentrados (CFM), que é considerada uma fonte rica de hidratos de carbono solúveis, produzindo ácidos gordos voláteis (como produtos finais da fermentação) que podem causar uma diminuição dos valores de pH. Os valores mais elevados de pH registados no tempo zero antes da alimentação estão relacionados com a menor concentração de ácidos gordos voláteis e também com o aumento da produção de saliva do animal, que contém mais bicarbonatos e outros agentes tampão na saliva que afectam o valor do pH através de um sistema tampão **(Briggs *et al* 1957)**. Além disso, os valores mais elevados de pH às 6 horas podem dever-se à utilização de AGV pelos microrganismos na síntese de proteínas microbianas **(Hogan e Weston 1970)**.

Tabela (3): Efeito dos suplementos de AA protegidos no rúmen sobre o pH ruminal de caprinos machos.

Sampling time (h)	C	Me	Ly	Me+Ly	Mean	±S.E
0	6.6	6.5	6.5	6.6	6.59^{A}	0.045
3	6.2	5.9	6.0	5.9	6.00^{C}	0.045
6	6.55	6.3	6.4	6.3	6.40^{B}	0.045
Mean	6.45	6.25	6.31	6.30		
± S.E	0.052	0.052	0.052	0.052		

Cada valor da média foi obtido a partir de 12 valores (4 animais).

As médias com diferentes sobrescritos na mesma coluna são significativas (P<0,01).

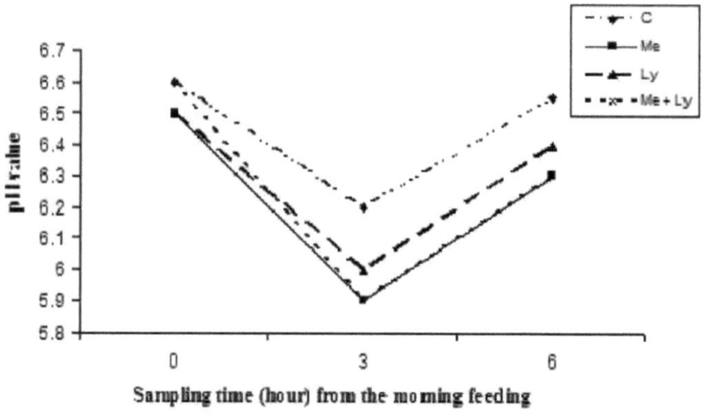

Fig. (2): Efeito dos suplementos de AA protegidos no rúmen sobre o pH ruminal de caprinos machos.

1.2.2. Ácidos gordos voláteis totais do licor ruminal (AGVT)

A Tabela (4) e a Fig. (3) mostram os valores médios dos ácidos gordos voláteis totais (AGVT) (m.eq/dl). Foram detectadas diferenças significativas ($P<0,01$) entre os tratamentos na média geral dos AGVT do rúmen. O tratamento Me+Ly registou o valor mais elevado de AGTL no tempo zero (antes da alimentação) e 3,6 h após a alimentação, seguido do tratamento Me e depois do tratamento Ly, enquanto o valor mais baixo foi registado no grupo de controlo. O valor mais elevado ($P<0,01$) das médias globais de TVFA's foi registado com o tratamento Me+Ly (8,90 m.eq/dl), seguido do tratamento Me (8,70 m.eq/dl) e depois do tratamento Ly (7,41 m.eq/dl), enquanto o valor mais baixo foi o do grupo de controlo (6,52 m.eq/dl). Estes resultados concordam com os registados por **Bharadwaj *et al* (1999) e Demeterova *et al* (2002)**. Estes resultados sugerem que o

A fermentação anaeróbica do tratamento com aminoácidos protegidos (metionina e lisina) foi mais eficiente e mais rápida, produzindo mais AGTL do que no controlo por via indireta. Além disso, pode dever-se ao aumento da digestibilidade da matéria orgânica (Quadro 2). No entanto, **Han *et al* (1996); Dinn *et al* (1998); Kobayashi *et al* (1999); Robinson *et al* (2000) e Kholif e Kholif (2003)**, verificaram que os AGTL não foram afectados pelos aminoácidos protegidos. A concentração total de AGV no rúmen depende de vários factores, como a digestibilidade da MO, a taxa de absorção, o pH ruminal, a taxa de passagem da digesta do rúmen para outras partes do aparelho digestivo e a população microbiana no rúmen e as suas actividades **(Flatt *et al* 1956)**. Relativamente ao efeito do tempo de amostragem, a concentração de AGTL antes da alimentação foi a mais baixa ($P<0,01$) para todos os tratamentos em comparação com as amostras após a alimentação. O valor mais baixo ($P<0,01$) foi registado no tempo zero (antes da alimentação) (sendo 6,28 m.eq/dl) e aumentou ($P<0,01$) para atingir os níveis mais elevados às 3 h após a alimentação (9,21 m.eq/dl) e depois diminuiu ($P<0,05$) às 6 h após a alimentação (8,16 m.eq/dl), (Tabela, 4). Verificou-se uma interação entre os tratamentos e os efeitos do tempo de amostragem ($P<0,01$).

Tabela (4): Efeito dos suplementos de AA protegidos no rúmen sobre os AGTN ruminais (m-eq/100ml) de caprinos machos.

Sampling time (h)	C	Me	Ly	Me+Ly	Mean	±S.E
0	5.25	6.37	6.25	6.65	6.28^{C}	0.107
3	7.07	10.37	8.87	10.55	9.21^{A}	0.107
6	6.65	9.35	7.12	9.52	8.16^{B}	0.107
Mean	6.52^{C}	8.70^{A}	7.41^{B}	8.90^{A}		
± S.E	0.124	0.124	0.124	0.124		

Cada valor da média foi obtido a partir de 12 valores (4 animais).

As médias com diferentes sobrescritos na mesma linha ou coluna são significativas (P<0,01).

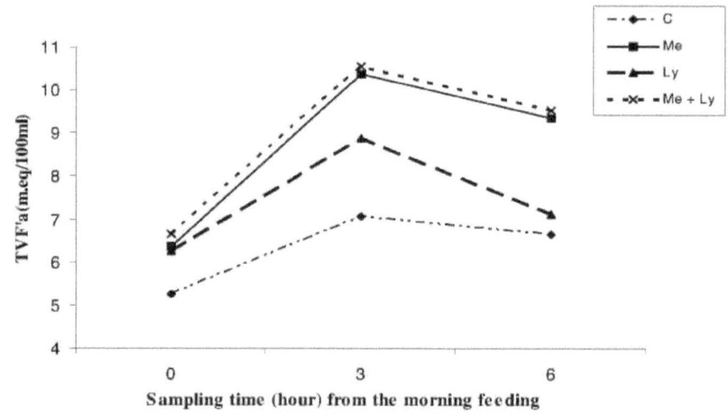

Fig. (3): Efeito de suplementos de AA protegidos no rúmen sobre a TVF ruminal de caprinos machos.

1.2.3. Azoto total do licor de rúmen

Os valores médios do azoto total (NT) ruminal (mg/dl) nos diferentes tratamentos experimentais, em diferentes momentos de amostragem, são apresentados no Quadro (5) e na Fig. (4). Foram detectadas diferenças significativas (P<0,01) entre os tratamentos nas médias globais do azoto total do rúmen. Os valores mais elevados de TN ruminal foram registados com o tratamento (Me+Ly) em diferentes tempos de amostragem, seguido do tratamento Ly e depois do tratamento Me, enquanto os valores mais baixos de TN ruminal foram registados com o grupo de controlo em diferentes tempos de amostragem. Os valores do TN ruminal aumentaram gradualmente com o tempo após a alimentação com todos os tratamentos. O tratamento Me+Ly registou o valor mais elevado das médias globais de TN ruminal (115,37 mg/dl), que é superior (P<0,01) ao do grupo de controlo em 16,7%, e os tratamentos Ly e Me aumentaram significativamente (P<0,01) o teor de TN ruminal em 12,7 e 11,5%, respetivamente, em comparação com o controlo. Os valores respectivos de TN ruminal foram 98,83, 110,24, 111,46 e 115,37 (mg/dl) para os tratamentos de controlo, Me, Ly e Me+Ly. **Yadav e Yadav (1988)** sugeriram que o aumento da concentração de TN no licor ruminal pode dever-se a uma maior ingestão de azoto e a uma maior digestibilidade das proteínas brutas. Esta conclusão está de acordo com os presentes resultados. No entanto, **Kholif e Kholif (2003)** mostraram que o TN ruminal não foi afetado com a suplementação de metionina protegida em dietas de cabras em lactação. Houve diferenças significativas (P<0,01) entre os tempos de amostragem na concentração de TN, onde o valor mais alto foi registado às 6 h após a alimentação (131,7 mg/dl), enquanto que o valor mais baixo foi registado no tempo zero (86,03 mg/dl). Este resultado pode dever-se ao aumento da síntese de proteínas microbianas. Estes resultados estão de acordo com os relatados por **Stern e Satter (1979)**, que verificaram que o TN ruminal aumentava à medida que o tempo passava. Além disso, houve uma interação entre os efeitos do tratamento e do tempo de amostragem (P<0,01).

Tabela (5): Efeito dos suplementos de AA protegidos do rúmen no azoto total ruminal (mg/100ml) de caprinos machos.

Sampling time (h)	C	Me	Ly	Me+Ly	Mean	±S.E
0	83.10	86.25	86.25	88.55	86.03^{C}	0.99
3	96.82	110.62	112.82	116.45	109.18^{B}	0.99
6	116.57	133.85	135.32	141.12	131.71^{A}	0.99
Mean	98.83^{C}	110.24^{B}	111.46^{B}	115.37^{A}		
± S.E	1.15	1.15	1.15	1.15		

Cada valor da média foi obtido a partir de 12 valores (4 animais).
As médias com diferentes sobrescritos na mesma linha ou coluna são significativas (P<0,01).

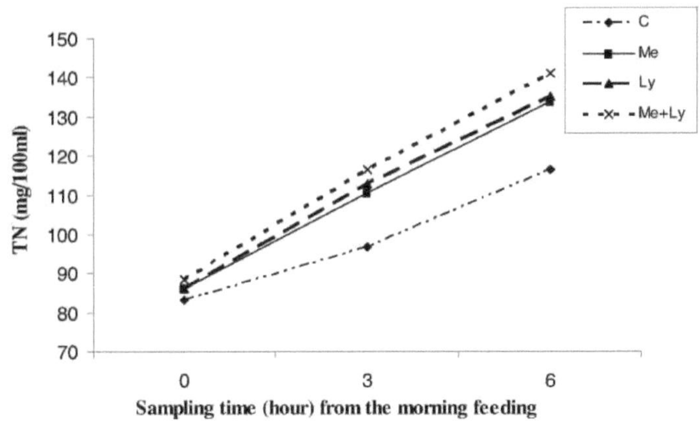

Fig. (4): Efeito dos suplementos de AA protegidos no rúmen sobre o azoto total ruminal de caprinos machos.

1.2.4. Azoto não proteico do licor ruminal (NPN)

Os valores médios do azoto não-proteico (NNP) ruminal (mg/dl) nos diferentes tratamentos experimentais através de diferentes tempos de amostragem são apresentados no Quadro (6) e na Fig. (5). Foram detectadas diferenças insignificantes (P>0,05) entre os tratamentos na média geral do NPN do licor ruminal. Os valores mais elevados da concentração de NPN no rúmen foram registados no grupo de controlo em diferentes alturas de amostragem, seguidos do tratamento Ly e depois dos tratamentos Me e Me+Ly. As diferenças insignificantes nos valores da concentração ruminal de NPN entre tratamentos podem dever-se a uma concentração ligeiramente inferior de azoto amoniacal ruminal com a suplementação de aminoácidos protegidos (Quadro 10 e Fig. 9). O NPN ruminal atingiu o valor mais elevado às 3 horas após a alimentação e depois diminuiu às 6 horas após a alimentação nos diferentes tratamentos. Os valores respectivos da concentração média global de NPN no rúmen foram: 56,02, 54,45, 54,97 e 54,49 (mg/dl) para os tratamentos de controlo, Me, Ly e Me+Ly. Esses resultados concordam com os relatados por **Kholif e Kholif (2003)**. Relativamente ao efeito do tempo de amostragem na concentração de NPN no licor ruminal, registaram-se diferenças significativas (P<0,01) entre os diferentes tempos de amostragem. O valor médio global mais elevado foi registado às 3 h após a alimentação (63,26 mg/dl), enquanto o valor mais baixo foi registado no tempo zero (antes da alimentação) (49,45 mg/dl). Estes resultados são semelhantes aos referidos por **Kholif (1996) e Khorshed (2000)**, que referem que o valor mais baixo de NPN do licor ruminal foi registado no momento zero e depois aumentou às 3 h após a alimentação.

Tabela (6): Efeito de suplementos de AA protegidos no rúmen sobre o azoto não proteico ruminal (mg/100ml) de caprinos machos.

Sampling time (h)	C	Me	Ly	Me+Ly	Mean	±S.E
0	49.87	49.25	49.45	49.35	49.45^{C}	0.857
3	64.75	62.42	63.42	62.20	63.26^{A}	0.857
6	53.30	51.67	52.05	51.87	52.22^{B}	0.857
Mean	56.02	54.45	54.97	54.49		
± S.E	0.989	0.989	0.989	0.989		

Cada valor da média foi obtido a partir de 12 valores (4 animais).

As médias com diferentes sobrescritos na mesma coluna são significativas (P<0,01).

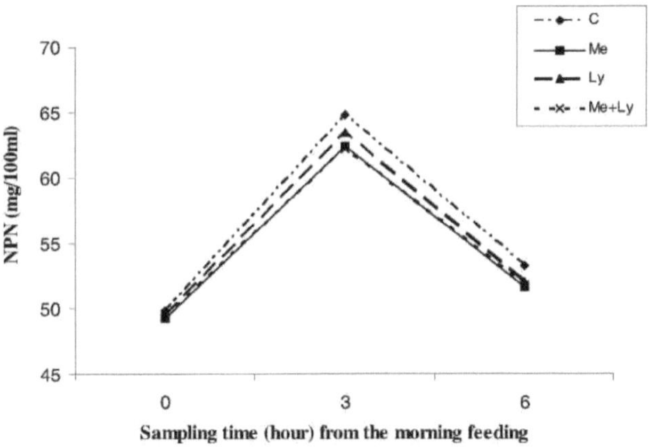

Fig. (5): Efeito de suplementos de AA protegidos no rúmen sobre o azoto não proteico ruminal de caprinos machos

Por outro lado, a tabela (7) e a Fig. (6) mostram os valores médios de NPN ruminal como% de TN. O grupo de controlo registou o valor mais elevado (P<0,01) de NPN como % de TN (sendo 57,63%) em comparação com os outros tratamentos. Relativamente ao efeito do tempo de amostragem no NPN ruminal como % TN, houve diferenças significativas (P<0,01) entre os diferentes tempos de amostragem. Os valores mais elevados (P<0,01) foram registados no tempo zero (antes da alimentação) e 3h após a alimentação (sendo 57,54 e 58,35%, respetivamente) para todos os tratamentos. Enquanto os valores mais baixos (P<0,01) foram registados às 6h após a alimentação (39,90%).

Tabela (7): Efeito dos suplementos de AA protegidos no rúmen sobre o NPN ruminal em % do TN de caprinos machos.

Sampling time (h)	C	Me	Ly	Me+Ly	Mean	±S.E
0	60.01	57.10	57.33	55.73	57.54^{A}	1.01
3	66.87	56.42	56.21	53.41	58.35^{A}	1.01
6	46.01	38.91	38.53	36.63	39.90^{B}	1.01
Mean	57.63^{A}	50.81^{B}	50.69^{B}	48.59^{B}		
± S.E	1.16	1.16	1.16	1.16		

Cada valor da média foi obtido a partir de 12 valores (4 animais).

As médias com diferentes sobrescritos na mesma linha ou coluna são significativas (P<0,01).

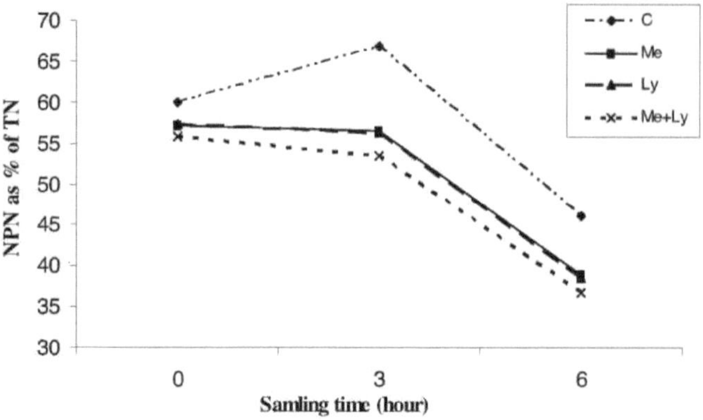

Fig. (6): Efeito dos suplementos de AA protegidos no rúmen sobre o NPN ruminal em % do TN de caprinos machos.

1.2.5. Azoto proteico verdadeiro do licor de rúmen

Os valores médios do azoto proteico verdadeiro do licor ruminal (NPR verdadeiro) (mg/dl) nos diferentes tratamentos experimentais em diferentes momentos de amostragem são apresentados no Quadro (8) e na Fig. (7). Foram detectadas diferenças significativas (P<0,01) entre os tratamentos na média global do N-PN verdadeiro do licor ruminal . O valor mais elevado do verdadeiro PN ruminal foi registado com o tratamento Me+Ly em diferentes momentos de amostragem, seguido do tratamento Ly e depois do tratamento Me, enquanto o valor mais baixo foi registado no grupo de controlo. **Kholif e Kholif (2003)** não detectaram qualquer efeito da adição de metionina protegida à dieta de cabras em lactação. Os valores de NMP verdadeiro no rúmen aumentaram gradualmente com o tempo após a alimentação com diferentes tratamentos. Os valores mais elevados (P<0,01) das médias globais do licor ruminal verdadeiro-PN foram registados com os tratamentos Me+Ly, Me e Ly (sendo 60,89, 55,79 e 56,49 mg/dl, respetivamente). Por outro lado, os valores mais baixos das médias globais de NN verdadeiro do rúmen foram registados no grupo de controlo (42,80 mg/dl), o que reflecte os valores elevados de NNP ruminal e os valores baixos da concentração de TN ruminal no grupo de controlo, em comparação com os outros tratamentos. Ao mesmo tempo, registaram-se diferenças significativas (P<0,01) entre as horas de amostragem na média geral do NPL verdadeiro do licor ruminal. O valor mais elevado foi registado às 6 h após a alimentação (79,48 mg/dl) para todos os tratamentos, enquanto o valor mais baixo foi registado no tempo zero (antes da alimentação) (36,58 mg/dl). Estes resultados foram associados ao aumento do TN ruminal (Tabela 5) e à diminuição do NPN ruminal (Tabela 6) às 6 h após a alimentação, o que permite concluir o início da síntese de proteína microbiana.

Tabela (8): Efeito dos suplementos de AA protegidos no rúmen sobre o azoto proteico verdadeiro ruminal (mg/100ml) de caprinos machos.

Sampling time (h)	C	Me	Ly	Me+Ly	Mean	±S.E
0	33.23	37.0	36.80	39.20	36.58^C	1.49
3	32.07	48.20	49.40	54.25	45.91^B	1.49
6	63.27	82.18	83.27	89.25	79.48^A	1.49
Mean	42.80^B	55.79^A	56.49^A	60.89^A		
± S.E	1.72	1.72	1.72	1.72		

Cada valor da média foi obtido a partir de 12 valores (4 animais).

As médias com diferentes sobrescritos na mesma linha ou coluna são significativas (P<0,01).

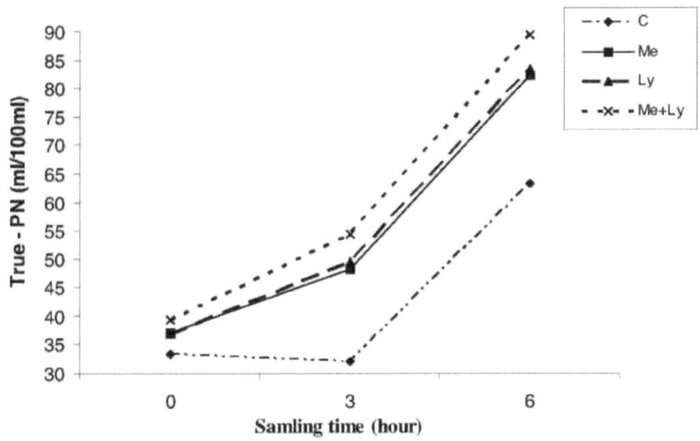

Fig. (7): Efeito de suplementos de AA protegidos no rúmen sobre o azoto proteico verdadeiro ruminal de caprinos machos.

No que respeita aos valores médios do ND verdadeiro do licor ruminal como % de NT, são apresentados no quadro (9) e na figura (8). A análise estatística do NPR verdadeiro do rúmen como % de NT é apresentada na App. (4). Foram detectadas diferenças significativas (P<0,01) entre os tratamentos na média geral do ND verdadeiro do licor ruminal como % de ND. Os valores mais elevados (P<0,01) das médias globais de NPR verdadeiro do rúmen como % NPT foram registados com os tratamentos Me+Ly, Me e Ly (sendo 51,30, 49,08 e 49,16% respetivamente), enquanto que o valor mais baixo foi registado com o grupo de controlo (sendo 42,30%). Em relação ao efeito do tempo de amostragem sobre o ND verdadeiro ruminal como % de ND, foram detectadas diferenças significativas (P<0,01) entre os tempos de amostragem no ND verdadeiro ruminal como % de ND. Os valores mais elevados (P<0,01) de NPR verdadeiro ruminal como % de NPT (59,96%) foram registados às 6 h após a alimentação, enquanto os valores mais baixos (P<0,01) foram registados no tempo zero (antes da alimentação e 3 h após (sendo 42,35 e 41,56% respetivamente) para todos os tratamentos. Estes resultados são um bom indicador da elevada degradabilidade dos nutrientes da dieta às 3 h após a alimentação e do início da síntese da proteína microbiana ruminal às 6 h após a alimentação, o que mostra os valores mais elevados de PN verdadeiro ruminal às 6 h após a alimentação. **Kholif (1996)** obteve resultados semelhantes.

Tabela (9): Efeito dos suplementos de AA protegidos no rúmen sobre o azoto proteico verdadeiro ruminal, em % da NT, de caprinos machos.

Sampling time (h)	C	Me	Ly	Me+Ly	Mean	±S.E
0	39.98	42.89	42.66	44.26	42.35^{B}	1.01
3	33.12	43.57	43.78	46.58	41.56^{B}	1.01
6	54.41	61.39	61.57	63.24	59.96^{A}	1.01
Mean	42.30^{B}	49.08^{A}	49.16^{A}	51.30^{A}		
± S.E	1.17	1.17	1.17	1.17		

Cada valor da média foi obtido a partir de 12 valores (4 animais).

As médias com diferentes sobrescritos na mesma linha ou coluna são significativas (P<0,01).

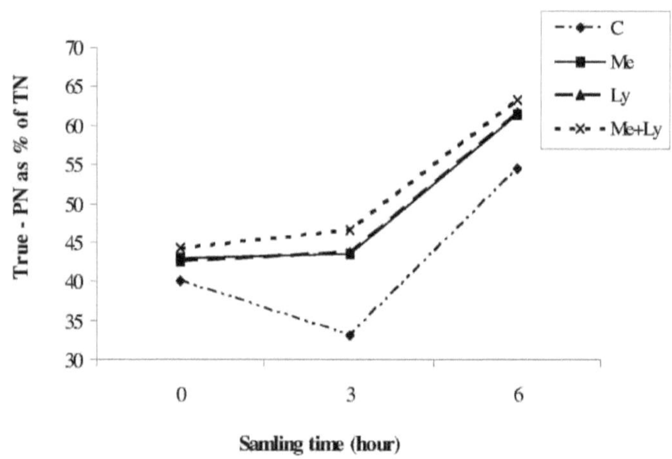

Fig. (8): Efeito dos suplementos de AA protegidos no rúmen sobre o azoto proteico verdadeiro ruminal em % da TN de caprinos machos.

1.2.6. Azoto amoniacal do licor ruminal

Os valores médios do azoto amoniacal ruminal (mg/dl) nos diferentes tratamentos experimentais através de diferentes tempos de amostragem são apresentados no Quadro (10) e na Fig. (9). Não houve diferenças significativas (P>0,05) entre os tratamentos na média geral da concentração de azoto amoniacal no licor ruminal. O grupo de controlo registou o valor mais elevado de amoníaco ruminal - N em diferentes alturas de amostragem, seguido dos tratamentos Me, Ly e Me+Ly. Os valores das médias globais da concentração de azoto amoniacal foram: 26,24, 25,63, 25,95 e 25,83 mg/dl para os tratamentos de controlo, Me, Ly e Me+Ly, respetivamente. Estes resultados são um bom indicador da não degradação dos aminoácidos protegidos (metionina e lisina), que são utilizados neste estudo, pelo que a concentração ruminal de amoníaco - N não foi afetada. **Kobayashi *et al* (1999) e Kholif e Kholif (2003)** obtiveram resultados semelhantes. No entanto, **Bharadwaj *et al* (1999)** verificaram que o amoníaco-N diminuía com os tratamentos proteicos protegidos.

Tabela (10): Efeito dos suplementos de AA protegidos no rúmen sobre a amónia-N ruminal (mg/100ml) de cabras macho.

Sampling time (h)	C	Me	Ly	Me+Ly	Mean	±S.E
0	24.30	23.92	24.07	24.10	24.10^{B}	0.253
3	29.17	28.67	28.82	28.55	28.80^{A}	0.253
6	25.25	24.30	24.72	24.70	24.80^{B}	0.253
Mean	26.24	25.63	25.95	25.83		
± S.E	0.293	0.293	0.293	0.293		

Cada valor da média foi obtido a partir de 12 valores (4 animais).

As médias com diferentes sobrescritos na mesma coluna são significativas (P<0,01).

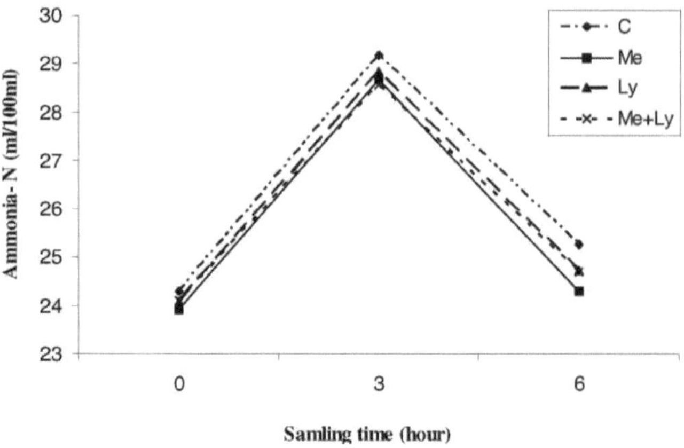

Fig. (9): Efeito de suplementos de AA protegidos no rúmen sobre o amoníaco N ruminal de caprinos machos.

Relativamente ao efeito dos tempos de amostragem na concentração de azoto amoniacal no rúmen, foram detectadas diferenças significativas (P<0,05) entre os tempos de amostragem no azoto amoniacal ruminal. Os valores mais baixos (P<0,01) foram registados no tempo zero (antes da alimentação) (24,10 mg/dl) e depois os valores aumentaram (P<0,01) gradualmente até atingirem os valores mais elevados às 3 h após a alimentação (28,80 mg/dl) e depois diminuíram (P<0,01) até atingirem 24,80 mg/dl às 6 h após a alimentação. **El-Ashry *et al* (1988), El-Ashry *et al* (1997) e Khorshed (2000)** obtiveram tendências semelhantes. A Tabela (11) e a Fig. (10) mostram o azoto amoniacal do rúmen como % de TN. Houve diferenças significativas (P<0,01) entre os tratamentos na média geral de NH3-N do licor ruminal como% de TN. Os valores de NH3-N como % de TN aumentaram (P<0,01) com o grupo de controlo nos tempos de amostragem em comparação com os outros tratamentos. As médias globais de NH3-N como % foram 26,99, 23,75, 23,94 e 23,05% para os tratamentos de controlo, Me, Ly e Me+Ly, respetivamente. A inspeção do efeito do tempo de amostragem no azoto amoniacal do licor ruminal como % TN, o tempo zero (antes da alimentação) registou o valor mais elevado (P<0,05) (27,89%) e diminuiu (P<0,05) para atingir 26,50% às 3 h, tendo depois diminuído novamente para atingir o valor mais baixo (P<0,05) às 6 h após a alimentação (18,90%).

Tabela (11): Efeito dos suplementos de AA protegidos no rúmen sobre o amoníaco N ruminal, em % da NT, de caprinos machos.

Sampling time (h)	C	Me	Ly	Me+Ly	Mean	±S.E
0	29.24	27.73	27.90	27.21	27.89^{A}	0.36
3	30.12	25.91	25.54	24.51	26.50^{B}	0.36
6	21.66	18.15	18.26	17.50	18.90^{C}	0.36
Mean	26.99^{A}	23.75^{B}	23.94^{B}	23.05^{B}		
± S.E	0.41	0.41	0.41	0.41		

Cada valor da média foi obtido a partir de 12 valores (4 animais).
As médias com diferentes sobrescritos na mesma linha ou coluna são significativas (P<0,01).

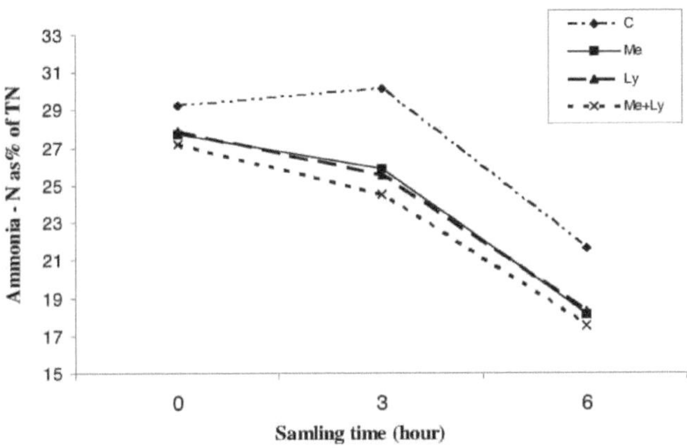

Fig. (10): Efeito dos suplementos de AA protegidos no rúmen sobre o amoníaco-N ruminal em % do TN de caprinos machos.

Os valores do azoto amoniacal ruminal como % do NPN através de diferentes tratamentos são apresentados no Quadro (12) e na Fig. (11). Não houve diferenças significativas (P>0,05) entre os tratamentos na média geral do azoto amoniacal ruminal como % do NPN. As médias globais de azoto amoniacal ruminal como % de NPN para os tratamentos de controlo, Me, Ly e Me+Ly, respetivamente, foram 46,58, 47,08, 47,25 e 47,16%, o que indica que os suplementos com AA... O tempo de amostragem teve um efeito insignificante (P>0,05) na amónia ruminal - N como % de NPN. O valor mais elevado foi registado no tempo zero (antes da alimentação) (48,50%), enquanto o valor mais baixo foi registado 3 horas após a alimentação (45,12%).

Tabela (12): Efeito de suplementos de AA protegidos no rúmen sobre o amoníaco-N ruminal em % de NPN, em caprinos machos.

Sampling time (h)	C	Me	Ly	Me+Ly	Mean	±S.E
0	48.50	48.50	48.25	48.75	48.50	1.12
3	44.25	45.5	45.25	45.5	45.12	1.12
6	47.0	47.25	48.25	47.25	47.43	1.12
Mean	46.58	47.08	47.25	47.16		
± S.E	1.30	1.30	1.30	1.30		

Cada valor da média foi obtido a partir de 12 valores (4 animais).

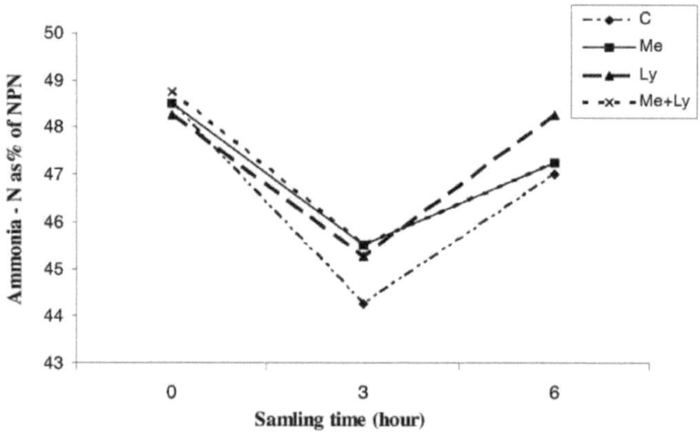

Fig. (11): Efeito dos suplementos de AA protegidos no rúmen sobre o amoníaco-N ruminal em % do NPN de caprinos machos.

Todos os valores médios dos parâmetros ruminais dos diferentes tratamentos foram resumidos nas Tabelas (13).

Tabela (13): Efeito dos suplementos de AA protegidos no rúmen sobre as médias globais de alguns parâmetros do licor ruminal dos caprinos.

Parameter	Treatments				±SE
	C	Me	Ly	Me + Ly	
pH	6.45	6.25	6.31	6.30	0.052
TVFA'S (m.eq/dl)	6.52^{C}	8.70^{A}	7.41^{B}	8.90^{A}	0.124
TN (mg/dl)	98.83^{C}	110.24^{B}	111.46^{B}	115.37^{A}	1.15
NPN (mg/dl)	56.02	54.45	54.97	54.47	0.989
NPN as % of TN	57.63^{A}	50.81^{B}	50.69^{B}	48.59^{B}	1.16
True. Protein N (mg/dl)	42.80^{B}	55.79^{A}	56.49^{A}	60.89^{A}	1.72
True. Protein N as % of TN	42.30^{B}	49.08^{A}	49.16^{A}	51.30^{A}	1.17
Ammonia. N (mg/dl)	26.24	25.62	25.95	25.83	0.293
Ammonia. N as % of TN	26.99^{A}	23.75^{B}	23.94^{B}	23.05^{B}	0.41
Ammonia. N as % of NPN	46.58	47.08	47.25	47.16	1.304

Cada valor foi obtido a partir de 12 amostras (4 animais).

As médias com sobrescritos diferentes na mesma linha são significativas (P<0,01).

2. A segunda experiência (em búfalas em lactação)

2.1. Efeito dos tratamentos na produção e composição do leite

2.1.1. Produção de leite

O efeito dos tratamentos com aminoácidos protegidos no rúmen sobre a produção de leite (kg/h/d) de búfalas em lactação que receberam diferentes tratamentos experimentais é mostrado na Tabela (14) e na Fig. (12). Foram detectadas diferenças significativas (P<0,01) entre os tratamentos nas médias gerais de produção de leite. A média geral da produção de leite aumentou (P<0,01) com os tratamentos Me+Ly, Me e Ly em comparação com o grupo de controlo. Os aumentos na produção de leite com os tratamentos de aminoácidos protegidos no rúmen foram de 25,8, 17,5 e 11,2% para os tratamentos Me+Ly, Me e Ly, respetivamente, em comparação com o grupo de controlo. Os valores respectivos da produção de leite (kg/h/d) foram 6,65, 7,82, 7,40 e 8,37 (kg/h/d) para o controlo, Me, Ly e Me+Ly. Estes resultados estão de acordo com os obtidos por **Nichols *et al* (1998), Xu *et al* (1998), Iwanska *et al* (1999), Younge *et al* (2001), Noftsger e St-Pierre (2003)** que observaram que a produção de leite aumentou com a suplementação de metionina ou / e lisina protegida no rúmen. No entanto, **Varvikko *et al* (1999), Liu *et al* (2000); Kholif e Kholif (2003); Ouellet *et al* (2003) e Noftsger *et al* (2005)** sugeriram não haver efeito sobre a produção de leite com tratamentos de metionina protegida no rúmen ou / e lisina.

A Tabela (14) e a Fig. (12) mostram diferenças significativas (P<0,01) entre os diferentes períodos de lactação. O valor mais elevado (P<0,01) da produção de leite foi registado no primeiro e segundo períodos de lactação e depois diminuiu gradualmente com o avançar da lactação. Além disso, o 2º período de lactação registou um aumento significativo (P<0,01) da produção de leite em comparação com o 3º e 4º períodos de lactação. Os valores da produção de leite foram: 8,0, 8,18, 7,41 e 6,64 (kg/h/d) para os períodos I, II, III e IV de lactação, respetivamente.

Tabela (14): Efeito de suplementos de AA protegidos do rúmen na produção média de leite (kg/h/d) de búfalas em lactação.

Experimental periods	C	Me	Ly	Me+Ly	Mean	±S.E
I	6.60	8.63	7.86	8.93	8.00^{A}	0.129
II	7.56	8.33	8.20	8.63	8.18^{A}	0.129
III	6.36	7.53	7.26	8.50	7.41^{B}	0.129
IV	6.06	6.80	6.26	7.43	6.64^{C}	0.129
Mean	6.65^{D}	7.82^{B}	7.40^{C}	8.37^{A}		
± S.E	0.129	0.129	0.129	0.129		

Cada valor de média obtido a partir de 36 valores (12 animais).

As médias com sobrescritos diferentes na mesma linha ou coluna diferem significativamente (P<0,01).

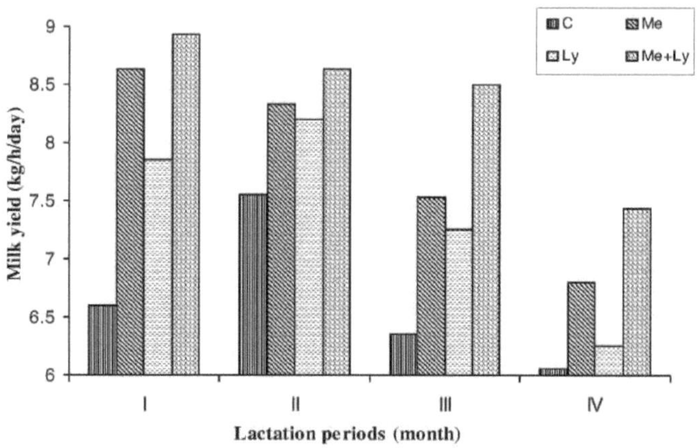

Fig. (12): Efeito de suplementos de AA protegidos do rúmen na produção média de leite de búfalas em lactação.

2.1.2. Produção de leite corrigida em função da gordura (4% FCM)

O efeito dos suplementos de aminoácidos protegidos no rúmen sobre a produção de farinha de carne e ossos (kg/h/d) de búfalas em lactação que receberam diferentes tratamentos experimentais é mostrado na Tabela (15) e na Fig. (13). Foram detectadas diferenças significativas (P<0,01) entre os tratamentos nas médias gerais da produção de MCA. O tratamento Me+Ly aumentou (P<0,01) a produção de MCA em 32,6%, e os tratamentos Me e Ly aumentaram (P<0,01) a MCA em 22,6 e 13,1% respetivamente, em comparação com o grupo de controlo. Os valores do rendimento da FCM foram: 9,30, 11,41, 10,52 e 12,34 kg/h/d para os tratamentos de controlo, Me, Ly e Me+Ly, respetivamente. **Overton *et al* (1998); Nichols *et al* (1998), Bharadwaj e Senqupta (1999) e Iwanska *et al* (1999)** observaram que a produção de farinha de carne e ossos aumentou com os tratamentos de metionina e/ou lisina protegidos no rúmen. Por outro lado, **Bertrand *et al* (1998); Liu *et al* (2000); Krober *et al* (2000b) e Sancanari *et al* (2001)** referiram que a ração suplementada com metionina e/ou lisina protegida no rúmen não teve qualquer efeito sobre o rendimento em farinha de carne e ossos. No que respeita à produção média de MCA em diferentes períodos de lactação, os resultados indicam que a produção de MCA diminuiu gradualmente com o avanço da lactação. O primeiro e o segundo períodos apresentaram o valor mais elevado (P<0,01) de produção de CCA. Os valores da produção de MCA foram: 11,35, 11,37, 10,75 e 10,10 kg/h/d para os períodos experimentais I, II, III e IV da lactação, respetivamente.

Tabela (15): Efeito dos suplementos de AA protegidos do rúmen na produção média de leite corrigida para 4% de gordura (kg/h/d) de búfalas em lactação.

Experimental periods	C	Me	Ly	Me+Ly	Mean	±S.E
I	9.09	12.36	11.04	12.91	11.35^{A}	0.179
II	10.26	11.63	11.23	12.36	11.37^{A}	0.179
III	8.93	11.29	10.28	12.50	10.75^{B}	0.179
IV	8.92	10.36	9.53	11.59	10.10^{C}	0.179
Mean	9.30^{D}	11.41^{B}	10.52^{C}	12.34^{A}		
± S.E	0.179	0.179	0.179	0.179		

Cada valor de média obtido a partir de 36 valores (12 animais).

As médias com sobrescritos diferentes na mesma linha ou coluna diferem significativamente (P<0,01).

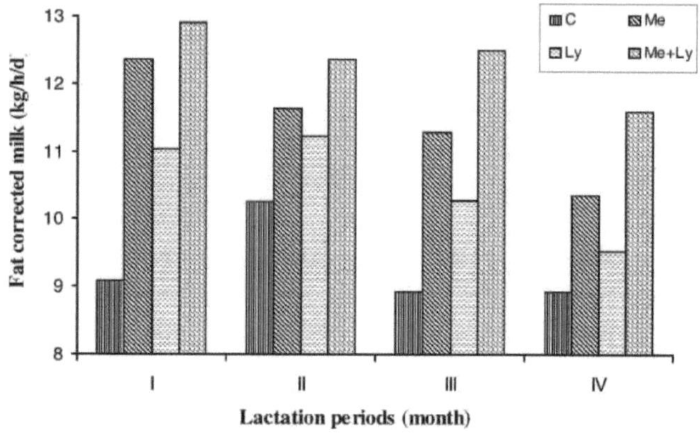

Fig. (13): Efeito dos suplementos de AA protegidos do rúmen na produção média de leite corrigida para 4% de gordura de búfalas em lactação.

O aumento da produção de leite com todos os tratamentos de aminoácidos protegidos no rúmen pode dever-se a uma ou mais das seguintes razões: 1) maior digestibilidade dos nutrientes (Quadro 2) e teor de AGT no rúmen (Quadro 13) dos animais que receberam rações tratadas. 2) Aumento aparente da eficiência da utilização do azoto, bem como uma maior conversão e disponibilidade de nutrientes significativos para a síntese do leite **(Iwanska, 1999)**. 3) A metionina e a lisina parecem ser mais limitantes para a síntese do leite porque são ambas muito utilizadas pela glândula mamária e estão presentes em concentrações relativamente baixas no plasma **(Clark, 1975)**. Outros investigadores também notaram que a lisina e a metionina eram limitantes para a produção de leite **(Schwab *et al* 1976; Erfle e Fisher 1977 e Schwab *et al* 1992)**.

2.1.3. Matéria gorda láctea

Os efeitos dos suplementos de aminoácidos protegidos no rúmen sobre a percentagem de gordura do leite e a produção de búfalas em lactação que receberam diferentes tratamentos experimentais são apresentados nos Quadros (16) e (17) e nas Figuras (14) e (15). Os dados da Tabela (16) indicam que as médias gerais da percentagem de gordura aumentaram significativamente ($P<0,01$) com os diferentes tratamentos de aminoácidos protegidos no rúmen em 7,48, 4,94 e 2,54%, respetivamente, para os tratamentos Me+Ly, Me e Ly, em comparação com o grupo de controlo. Os valores da percentagem de gordura foram: 6,68, 7,01, 6,85 e 7,18% para os tratamentos de controlo, Me, Ly e Me+Ly, respetivamente. O aumento da gordura do leite com diferentes aminoácidos protegidos no rúmen pode dever-se a uma ou mais das seguintes razões: 1) maior concentração de lípidos totais no soro sanguíneo (Quadro 48) nos grupos de búfalas tratadas. 2) De acordo com **Seymour *et al* (1990)**, a metionina em particular pode facilitar a transferência de lípidos do sangue para o leite, fornecendo grupos metilo para a síntese de colina e fosfatidilcolina, que representam uma ligação importante entre a metionina e o metabolismo dos lípidos nos ruminantes. 3) **McCarthy *et al* (1968) e Durand *et al* (1992)** demonstraram experimentalmente que a metionina pode ser importante para a síntese de lipoproteínas e que a metionina e a lisina facilitavam a secreção hepática de lipoproteínas ricas em triacilglicerol. É possível que um mecanismo semelhante de ação da metionina e da lisina na glândula mamária possa ser responsável pelo aumento do teor de gordura do leite. Os resultados do presente estudo confirmam os dados de **Sevi *et al* (1998); Xu *et al* (1998), Vanhatalo *et al* (1999), Iwanska *et al* (1999), Bharadwaj e Sengupta (1999); Sancanari *et al* (2001) e Fahey *et al* (2002),** que relataram que a percentagem de gordura do leite foi aumentada por tratamentos com metionina e/ou lisina protegidos no rúmen. Por outro lado, **Rulquin e Delaby (1997), Soder e Holden (1999), Younge *et al* (2001) e Kholif e Kholif (2003)** sugeriram que a percentagem de gordura do leite não foi afetada pela metionina ou/e lisina protegidas pelo rúmen. Relativamente aos valores da percentagem de gordura ao longo dos diferentes períodos de lactação, verificou-se um aumento significativo (P<0,01) da percentagem de gordura com o avançar da lactação, atingindo os valores mais elevados no 4º período. Os respectivos valores do percentual de gordura foram 6,76, 6,58, 6,91 e 7,46% para os períodos experimentais I, II, III e IV da lactação.

Tabela (16): Efeito de suplementos de AA protegidos do rúmen no teor médio de gordura do leite (%) de búfalas em lactação.

Experimental periods	C	Me	Ly	Me+Ly	Mean	±S.E
I	6.53	6.87	6.68	6.97	6.76^{C}	0.035
II	6.37	6.65	6.45	6.87	6.58^{D}	0.035
III	6.70	7.04	6.77	7.14	6.91^{B}	0.035
IV	7.14	7.49	7.48	7.73	7.46^{A}	0.035
Mean	6.68^{D}	7.01^{B}	6.85^{C}	7.18^{A}		
± S.E	0.035	0.035	0.035	0.035		

Cada valor de média obtido a partir de 36 valores (12 animais).

As médias com sobrescritos diferentes na mesma linha ou coluna diferem significativamente (P<0,01).

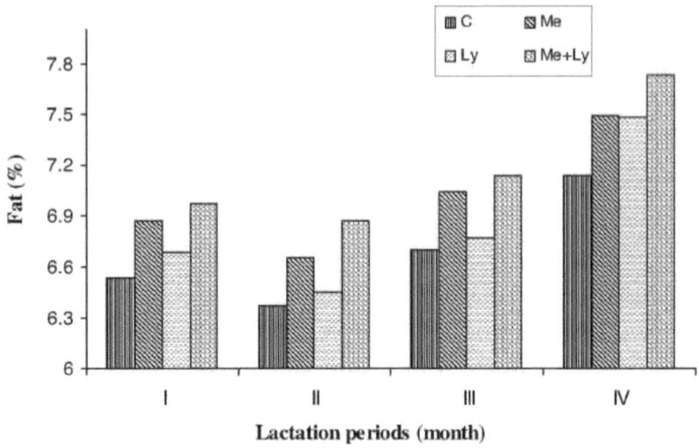

Fig. (14): Efeito dos suplementos de AA protegidos do rúmen no teor médio de gordura do leite (%) de búfalas em lactação.

Os dados da Tabela (17) e da Fig. (15) mostram os valores da produção de gordura do leite (g/h/d). Todos os tratamentos com aminoácidos protegidos no rúmen aumentaram significativamente (P<0,01) a produção de gordura do leite em 35,4, 23,4 e 13,8% para os tratamentos Me+Ly, Me e Ly, respetivamente, em comparação com o grupo de controlo. Os valores respectivos da produção de gordura do leite foram 442,7, 546,5, 504,0 e 599,5 g/h/d para os tratamentos controlo, Me, Ly e Me+Ly. Por outro lado, o valor mais elevado da média global da produção de gordura do leite foi observado no primeiro período de lactação (543,0 g/h/d), tendo diminuído gradualmente com o avanço da lactação (539,8, 513,5 e 496,4 g/h/d) para os períodos experimentais II, III e IV da lactação, respetivamente. Estes resultados estão de acordo com as conclusões de **Piepenbrink *et al* (1996); Nichols *et al* (1998) e Iwanska *et al* (1999),** que observaram que a suplementação de metionina e/ou lisina protegida no rúmen aumentava a produção de gordura do leite. No entanto, **Rulquin e Delaby (1997) e Soder e Holden (1999)** sugeriram que a produção de gordura do leite não foi afetada pela metionina protegida no rúmen.

Tabela (17): **Efeito de suplementos de AA protegidos do rúmen na produção média de gordura do leite (g/h/d) de búfalas em lactação.**

Experimental periods	C	Me	Ly	Me+Ly	Mean	±S.E
I	430.0	593.6	526.0	622.6	543.08^{A}	8.99
II	482.3	553.0	530.0	594.0	539.83^{A}	8.99
III	425.6	529.6	491.6	607.0	513.50^{B}	8.99
IV	433.0	509.6	468.3	574.6	496.42^{B}	8.99
Mean	442.75^{D}	546.50^{B}	504.0^{C}	599.58^{A}		
± S.E	8.99	8.99	8.99	8.99		

Cada valor de média obtido a partir de 36 valores (12 animais).
As médias com sobrescritos diferentes na mesma linha ou coluna diferem significativamente ($P<0,01$).

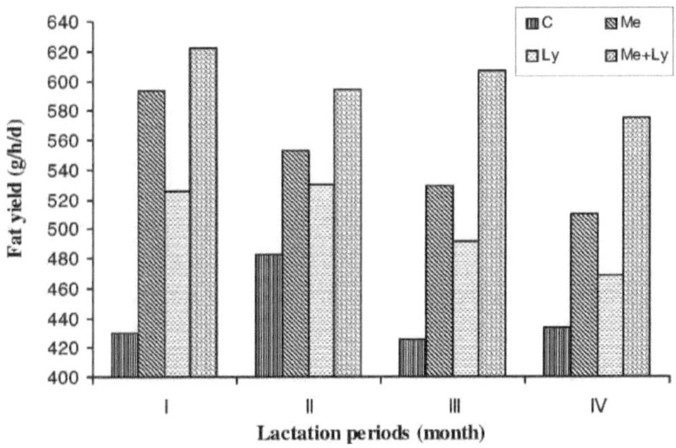

Fig. (15): Efeito dos suplementos de AA protegidos do rúmen na produção média de gordura do leite de búfalas em lactação.

2.1.4. Sólidos totais do leite

O efeito dos suplementos de aminoácidos protegidos do rúmen na percentagem de sólidos totais do leite (ST) e na produção de búfalas em lactação que receberam diferentes tratamentos experimentais é apresentado nos quadros (18) e (19) e nas figuras (16) e (17). Os dados da Tabela (18) e da Fig. (16) indicam que as médias gerais da percentagem de sólidos totais do leite aumentaram significativamente ($P<0,01$) com os diferentes grupos suplementados em 6,54, 3,02 e 1,44%, respetivamente, para os tratamentos Me+Ly, Me e Ly, em comparação com o grupo de controlo. Os valores da percentagem de TS foram 15,89, 16,73, 16,12 e 16,93 para os tratamentos controlo, Me, Ly e Me+Ly, respetivamente. Relativamente aos valores da percentagem de TS ao longo dos diferentes períodos experimentais de lactação, indicam um aumento significativo (P<0,01) na percentagem de TS com o avançar da lactação até atingir os valores mais elevados no 4º período experimental. Os valores respectivos da percentagem de TS foram: 15,97, 16,11, 16,46 e 16,80% para os períodos I, II, III e IV da lactação. **Bharadwaj e Sengupta (1999) obtiveram** resultados semelhantes com a suplementação proteica protegida no rúmen, tendo registado um aumento significativo da percentagem de TS do leite com a suplementação proteica protegida no rúmen. No entanto, **Kholif e Kholif (2003)** observaram que as rações suplementadas com metionina protegida no rúmen não afectaram a percentagem de PT.

Tabela (18): Efeito dos suplementos de AA protegidos do rúmen no teor médio de sólidos totais do leite (%) de búfalas em lactação.

Experimental periods	C	Me	Ly	Me+Ly	Mean	±S.E
I	15.63	15.94	15.90	16.43	15.97^{C}	0.072
II	15.52	16.24	15.96	16.72	16.11^{C}	0.072
III	16.03	16.57	16.16	17.09	16.46^{B}	0.072
IV	16.38	16.75	16.58	17.50	16.80^{A}	0.072
Mean	15.89^{D}	16.37^{B}	16.12^{C}	16.93^{A}		
± S.E	0.072	0.072	0.072	0.072		

Cada valor de média obtido a partir de 36 valores (12 animais).

As médias com sobrescritos diferentes na mesma linha ou coluna diferem significativamente (P<0,01).

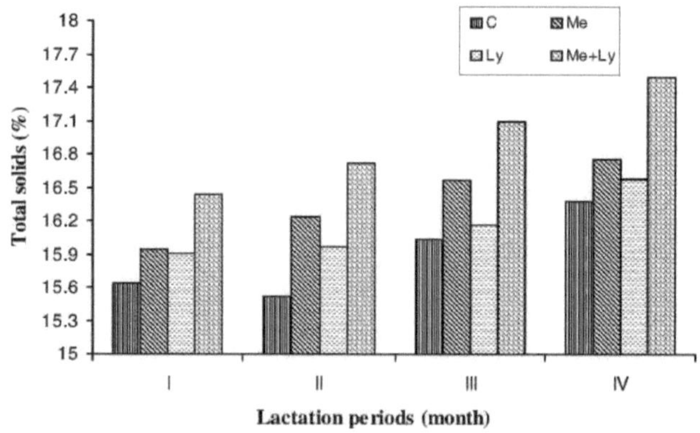

Fig. (16): Efeito dos suplementos de AA protegidos no rúmen sobre o teor médio de sólidos totais do leite (%) de búfalas em lactação.

Os valores médios da produção de sólidos totais do leite são apresentados na Tabela (19) e na Fig. (17). Todos os grupos tratados apresentaram um aumento significativo

(P<0,01). Os animais que foram alimentados com os tratamentos Me+Ly, Me e Ly produziram 34,2, 21,2 e 13,1%, respetivamente, mais sólidos totais do leite do que os do grupo de controlo. Os valores respectivos da produção de sólidos totais do leite foram: 1054,7, 1279,0, 1193,7 e 1416,3 g/h/d para os tratamentos de controlo, Me, Ly e Me+Ly. A inspeção dos valores da produção de sólidos totais do leite em diferentes períodos de lactação experimental mostrou que o valor mais elevado (P<0,01) foi registado no segundo período de lactação e depois a produção de sólidos totais diminuiu (P<0,01) com o avanço da lactação. Os valores da produção de sólidos totais do leite foram: 1281,6, 1319,7, 1224,3 e 1118,0 g/h/d para os períodos I, II, III e IV, respetivamente.

Tabela (19): Efeito dos suplementos de AA protegidos do rúmen no rendimento médio de sólidos totais do leite (g/h/d) de búfalas em lactação.

Experimental periods	C	Me	Ly	Me+Ly	Mean	±S.E
I	1030.6	1376.3	1251.6	1468	1281.67^{AB}	21.03
II	1174	1352	1309.6	1443.3	1319.75^{A}	21.03
III	1020.6	1248.3	1175	1453.3	1224.33^{B}	21.03
IV	993.6	1139.3	1038.6	1300.6	1118.08^{C}	21.03
Mean	1054.75^{D}	1279.0^{B}	1193.75^{C}	1416.33^{A}		
± S.E	21.03	21.03	21.03	21.03		

Cada valor de média obtido a partir de 36 valores (12 animais).

As médias com sobrescritos diferentes na mesma linha ou coluna diferem significativamente (P<0,01).

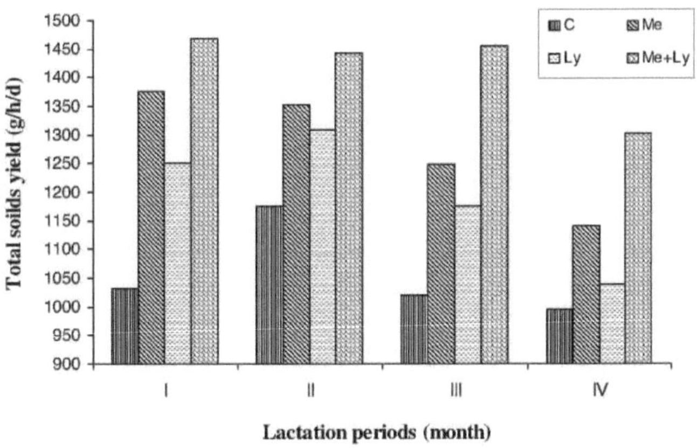

Fig. (17): Efeito dos suplementos de AA protegidos no rúmen sobre a produção média de sólidos totais do leite de búfalas em lactação .

2.1.5. Sólidos lácteos não gordos

O efeito dos suplementos de aminoácidos protegidos no rúmen sobre a percentagem e a produção de sólidos do leite sem gordura (SNF) de búfalas em lactação que receberam diferentes tratamentos experimentais é apresentado nos quadros (20) e (21) e nas figuras (18) e (19). É de notar que as médias gerais da percentagem de SNF aumentaram significativamente (P<0,01) com o tratamento Me+Ly, enquanto os tratamentos Me e Ly aumentaram de forma insignificante (P>0,05) a percentagem de SNF do leite em comparação com o grupo de controlo. Por outras palavras, todos os tratamentos com aminoácidos protegidos no rúmen (Me+Ly, Me e Ly) produziram, respetivamente, 5,86, 1,52 e 1,08% mais de percentagem de FDN do leite em comparação com o grupo de controlo. Os valores respectivos da percentagem de FDN do leite foram: 9,21, 9,35, 9,31 e 9,75% para os tratamentos de controlo, Me, Ly e Me+Ly. Resultados semelhantes foram obtidos por **Kudrna *et al* (1998), Nicholas *et al* (1998) e Shibano *et al* (2000),** que descobriram que a metionina protegida pelo rúmen aumentava a percentagem de FDN, enquanto **Iwanska *et al* (1999), Lui *et al* (2000), Izumi *et al* (2000) e Pisulewski *et al* (2002)** relataram que não havia efeito na percentagem de FDN com metionina ou/e lisina protegidas pelo rúmen. No entanto, **Kholif e Kholif (2003)** encontraram um aumento insignificante (P>0,05) na FDN com metionina protegida. A Tabela (20) e a Fig. (18) mostram as médias da percentagem de FDN do leite em diferentes períodos experimentais de lactação. O valor mais elevado (P<0,01) da percentagem de FDN do leite foi registado nos períodos 2nd e 3rd (sendo 9,53 e 9,54% respetivamente) seguido do período 4th (sendo 9,34%). No entanto, o valor mais baixo (P<0,01) foi registado no primeiro período de lactação (9,21%).

Tabela (20): Efeito de suplementos de AA protegidos do rúmen no teor médio de sólidos do leite sem gordura (%) de búfalas em lactação.

Experimental periods	C	Me	Ly	Me+Ly	Mean	±S.E
I	9.12	9.06	9.22	9.45	9.21^{B}	0.064
II	9.16	9.58	9.53	9.83	9.53^{A}	0.064
III	9.33	9.52	9.38	9.94	9.54^{A}	0.064
IV	9.24	9.25	9.09	9.77	9.34^{B}	0.064
Mean	9.21^{B}	9.35^{B}	9.31^{B}	9.75^{A}		
± S.E	0.064	0.064	0.064	0.064		

Cada valor de média obtido a partir de 36 valores (12 animais).

As médias com sobrescritos diferentes na mesma linha ou coluna diferem significativamente (P<0,01).

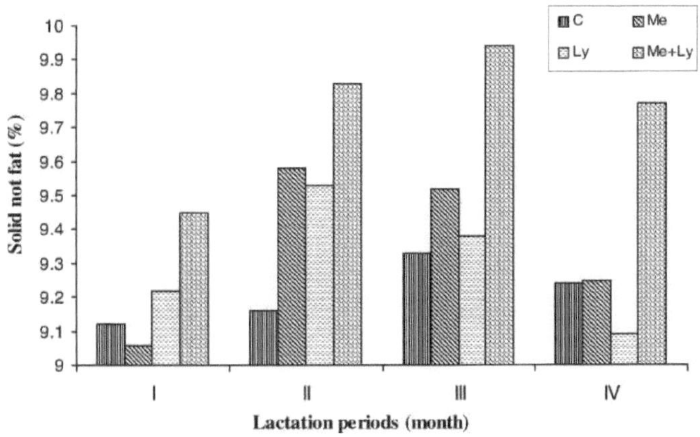

Fig. (18): Efeito dos suplementos de AA protegidos do rúmen no teor médio de sólidos do leite sem gordura (%) de búfalas em lactação.

No que diz respeito à produção de FDN do leite, a Tabela (21) e a Fig. (19) mostram que todos os grupos tratados aumentaram significativamente (P<0,01) a produção de FDN em 33,3, 19,5 e 12,7% para os tratamentos Me+Ly, Me e Ly, respetivamente, em comparação com o grupo de controlo. Os valores respectivos da produção de FDN foram: 612,2, 731,8, 690,0 e 816,3 para os tratamentos de controlo, ME, Ly e Me+Ly. A análise do efeito dos períodos experimentais de lactação sobre a produção de FDN indica que a média do primeiro período foi de 738,5 g/h/d, enquanto o valor mais elevado (P<0,01) da produção de FDN foi registado no segundo período (780,4 g/h/d), tendo depois diminuído com o avanço da lactação, sendo de 710,1 e 621,3 g/h/d para os períodos III e IV de lactação, respetivamente.

Tabela (21): Efeito de suplementos de AA protegidos do rúmen no rendimento médio de sólidos do leite sem gordura (g/h/d) de búfalas em lactação.

Experimental periods	C	Me	Ly	Me+Ly	Mean	±S.E
I	601.3	782.3	725.3	845.3	738.58^B	12.74
II	693	798.3	781.3	849	780.42^A	12.74
III	594.6	717.6	683.3	845	710.17^B	12.74
IV	560	629	570.3	726	621.33^C	12.74
Mean	612.25^D	731.83^B	690.08^C	816.33^A		
± S.E	12.74	12.74	12.74	12.74		

Cada valor de média obtido a partir de 36 valores (12 animais).

As médias com sobrescritos diferentes na mesma linha ou coluna diferem significativamente (P<0,01).

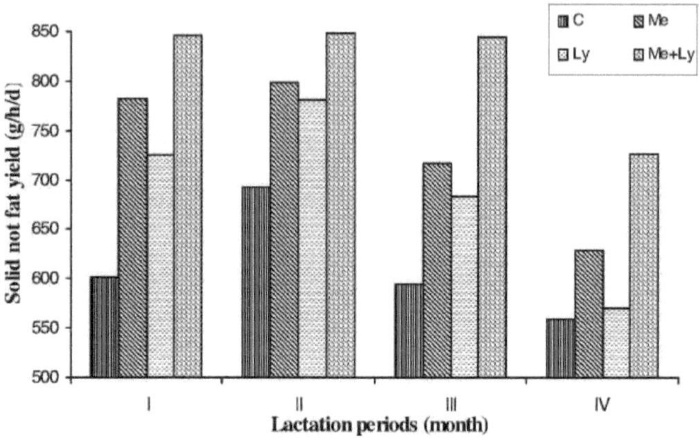

Fig. (19): Efeito dos suplementos de AA protegidos do rúmen no rendimento médio de sólidos do leite sem gordura de búfalas em lactação.

2.1.6. Proteínas totais do leite

O efeito dos suplementos de aminoácidos protegidos do rúmen na percentagem de proteínas totais do leite e na produção de búfalas em lactação que receberam diferentes tratamentos experimentais é apresentado nos Quadros (22) e (23) e nas Figuras (20) e (21). Houve diferenças significativas (P<0,01) entre os tratamentos detectados na percentagem de proteínas do leite (Tabela, 22 e Fig. 20). Os diferentes suplementos de AA protegidos no rúmen aumentaram (P<0,01) a percentagem de proteínas do leite em 12,09, 7,52 e 5,10% para os tratamentos Me+Ly, Me e Ly, respetivamente, em comparação com o controlo. Os valores respectivos da proteína do leite foram: 3,72, 4,00, 3,91 e 4,17% para os tratamentos de controlo, Me, Ly e Me+Ly. É interessante notar que o tratamento Me+Ly registou o valor mais elevado da percentagem de proteínas do leite, seguido do tratamento Me e do tratamento Ly, enquanto o valor mais baixo foi observado no grupo de controlo. O aumento das proteínas totais do leite com todos os tratamentos de aminoácidos protegidos do rúmen pode dever-se a um ou mais dos seguintes factores 1) A resposta das proteínas totais do leite ao fornecimento pós-ruminal de aminoácidos limitantes foi muito menor em rações de baixa proteína (≤14%CP) em comparação com rações de alta proteína, **(Rulquin e Verite, 1993).** 2) A metionina deve contribuir com 5,3 a 5,6% do total de aminoácidos essenciais na digesta duodenal e com 2,5 a 2,7% do total de aminoácidos, respetivamente, para um teor e rendimento máximos de proteína do leite **(Rulquin *et al*, 1995 e Schwab, 1996)**. 3) Digestibilidades mais elevadas de PC e OM (Tabela, 2). 4) maior azoto proteico verdadeiro ruminal (Quadro, 13). Estes resultados estão de acordo com os obtidos por **Iwanska *et al* (1999); Lui *et al* (2000); Younge *et al* (2001); Rulquin *et al* (2002), Kholif e Kholif (2003) e Noftsger *et al* (2005)**, que referiram que o teor de proteínas do leite aumentava com a metionina ou / e lisina protegidas no rúmen. No entanto, **Varvikko *et al* (1999); Izumi *et al* (2000) e Ouellet *et al* (2003)** sugeriram que o teor de proteínas do leite não foi afetado pelo suplemento de metionina e/ou lisina protegidas. No que respeita aos períodos de lactação, a percentagem de proteína do leite aumentou (P<0,01) gradualmente com o avanço da lactação. Os valores da percentagem de proteína do leite foram: 3,88, 3,89, 3,99 e 4,04% para os períodos experimentais I, II, III e IV, respetivamente.

Tabela (22): Efeito dos suplementos de AA protegidos do rúmen no teor médio de proteínas totais do leite (%) de búfalas em lactação.

Experimental periods	C	Me	Ly	Me+Ly	Mean	±S.E
I	3.66	3.92	3.85	4.08	3.88^{B}	0.018
II	3.70	3.90	3.84	4.14	3.89^{B}	0.018
III	3.72	4.06	3.98	4.20	3.99^{A}	0.018
IV	3.79	4.13	4.99	4.25	4.04^{A}	0.018
Mean	3.72^{D}	4.00^{B}	3.91^{C}	4.17^{A}		
± S.E	0.018	0.018	0.018	0.018		

Cada valor de média obtido a partir de 36 valores (12 animais).

As médias com sobrescritos diferentes na mesma linha ou coluna diferem significativamente (P<0,01).

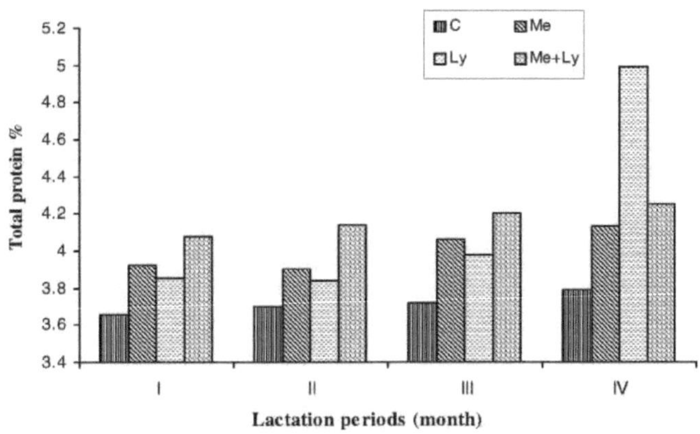

Fig. (20): Efeito dos suplementos de AA protegidos do rúmen nos teores médios de proteínas totais do leite (%) de búfalas em lactação.

As médias gerais da produção de proteína do leite são mostradas na Tabela (23) e na Fig. (21). Os tratamentos Me+Ly, Me e Ly aumentaram significativamente a produção de proteínas do leite (P<0,01) em 41,1, 26,5 e 17,1%, respetivamente, em comparação com o grupo de controlo. Os valores respectivos da produção de proteínas do leite foram: 247,2, 312,8, 289,5 e 348,9 g/h/d para os tratamentos Me, Ly e Me+Ly do grupo de controlo. Estes resultados estão de acordo com os obtidos por **Xu *et al* (1998), Iwanska *et al* (1999), Younge *et al* (2001) e Pisulewski *et al* (2002),** que referiram que a produção de proteínas do leite aumentou com suplementos de metionina e/ou lisina protegidos no rúmen. Enquanto **Soder e Holden (1999), Varvikko *et al* (1999) e Izumi *et al* (2000)** sugeriram que a produção de proteínas do leite não foi afetada por suplementos de metionina e/ou lisina protegidos no rúmen. Por outro lado, houve diferenças significativas (P<0,01) entre os períodos experimentais de lactação detectados na produção de proteína do leite (Tabela, 23) e (Fig., 21). O valor mais elevado da produção de proteínas do leite foi registado no segundo período e depois diminuiu com o avanço da lactação. Os valores respectivos foram: 312,0, 319,4, 297,7 e 269,4 g/h/d para os períodos experimentais de lactação I, II, III e IV.

Tabela (23): Efeito dos suplementos de AA protegidos do rúmen no rendimento médio de proteínas totais do leite (g/h/d) de búfalas em lactação.

Experimental periods	C	Me	Ly	Me+Ly	Mean	±S.E
I	241.3	338.6	303.3	364.6	312.0^{AB}	5.13
II	280.3	325.3	314.6	357.3	319.41^{A}	5.13
III	237.3	306.3	289.6	357.6	297.75^{B}	5.13
IV	230	281	250.6	316	269.41^{C}	5.13
Mean	247.25^{D}	312.83^{B}	289.58^{C}	348.91^{A}		
± S.E	5.13	5.13	5.13	5.13		

Cada valor de média obtido a partir de 36 valores (12 animais).

As médias com sobrescritos diferentes na mesma linha ou coluna diferem significativamente (P<0,01).

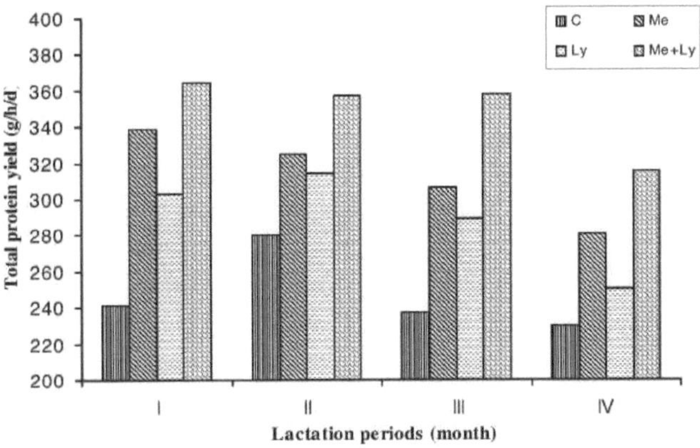

Fig. (21): Efeito dos suplementos de AA protegidos do rúmen no rendimento médio de proteínas totais do leite de búfalas em lactação.

2.1.7. Caseína do leite

O efeito do suplemento de aminoácidos protegidos do rúmen na percentagem de caseína do leite e na produção de búfalas em lactação que receberam diferentes tratamentos experimentais é apresentado nos Quadros (24) e (25) e nas Figuras (22) e (23). Registaram-se diferenças significativas (P<0,01) entre os tratamentos na percentagem de caseína do leite Tabela (24) e Fig. (22). Todos os tratamentos com aminoácidos protegidos no rúmen mostraram um aumento (P<0,01) da percentagem de caseína no leite de 17,1, 9,6 e 7,8% para os tratamentos Me+Ly, Me e Ly, respetivamente, em comparação com

grupo de controlo. Os valores respectivos da percentagem de caseína do leite foram: 2,80, 3,07, 3,02 e 3,28% para os tratamentos de controlo, Me, Ly e Me+Ly.

O aumento da caseína do leite com tratamentos de metionina e/ou lisina protegidos no rúmen pode ser devido ao facto de a suplementação de metionina/lisina protegida no rúmen ter produzido 100% da resposta de caseína no início da lactação e 47 a 58% da resposta de caseína no pico da lactação **(Schwab *et al* 1992)**. Resultados semelhantes foram obtidos por **Blauwiekel *et al* (1997), Bertrand *et al* (1998), Nichols *et al* (1998), Overton (1998) e Younge *et al* (2001)**, que descobriram que os suplementos de metionina ou / e lisina protegidos no rúmen aumentavam a percentagem de caseína no leite. No entanto, **Varvikko *et al* (1999), Lui *et al* (2000) e Pisuleweski *et al* (2002)** referiram que os suplementos de metionina e/ou lisina protegidos no rúmen não tiveram um efeito significativo na percentagem de caseína do leite. Os resultados actuais relativos às médias da percentagem de caseína do leite nos diferentes períodos de lactação experimental foram 2,99, 2,99, 3,08 e 3,12 para os períodos I, II, III e IV, respetivamente. As diferenças entre os diferentes períodos de lactação foram significativas (P<0,01).

Tabela (24): Efeito dos suplementos de AA protegidos do rúmen no teor médio de caseína do leite (%) de búfalas em lactação.

Experimental periods	C	Me	Ly	Me+Ly	Mean	±S.E
I	2.78	3.04	2.93	3.23	2.99^B	0.017
II	2.78	2.98	2.96	3.25	2.99^B	0.017
III	2.76	3.15	3.07	3.33	3.08^A	0.017
IV	2.89	3.12	3.13	3.34	3.12^A	0.017
Mean	2.80^D	3.07^B	3.02^C	3.28^A		
± S.E	0.017	0.017	0.017	0.017		

Cada valor de média obtido a partir de 36 valores (12 animais).

As médias com sobrescritos diferentes na mesma linha ou coluna diferem significativamente (P<0,01).

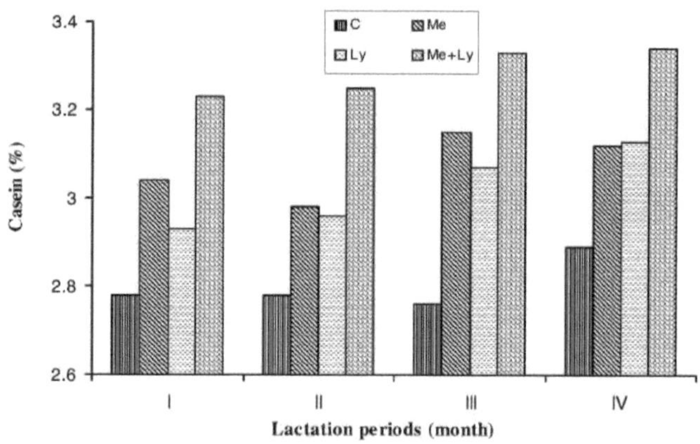

Fig. (22): Efeito dos suplementos de AA protegidos do rúmen no teor médio de caseína do leite (%) de búfalas em lactação.

Os valores médios do rendimento de caseína do leite são mostrados na Tabela (25) e na Fig. (26). Todos os grupos suplementados aumentaram significativamente a produção de caseína do leite (P<0,01) em 47,7, 28,9 e 19,7%, respetivamente, para os tratamentos Me+Ly, Me e Ly em comparação com o grupo de controlo. Os valores respectivos da produção de caseína do leite foram: 186,5, 240,4, 223,2 e 275,4 g/h/d para os tratamentos de controlo, Me, Ly e Me+Ly. Estes resultados estão de acordo com os obtidos por **Nichols *et al* (1998),** que referiram que a produção de caseína do leite aumentou com a suplementação de aminoácidos protegidos. No entanto, **Varvikko *et al* (1999) e Pacheco Rios *et al* (1999)** sugeriram que o rendimento de caseína do leite não foi afetado pela suplementação de metionina e/ou lisina protegidas no rúmen. A inspeção dos valores da produção de caseína do leite através de diferentes períodos de lactação experimental, o primeiro período de lactação registou (241,4 g/h/d) e aumentou até atingir o valor mais elevado (P<0,01) no segundo período (245,6 g/h/d), depois a caseína do leite começou a diminuir (P<0,01) gradualmente com o período $3^{r(d)}$ (230,1 g/h/d), enquanto o valor mais baixo foi 208,4 g/h/d com o período 4th.

Tabela (25): Efeito dos suplementos de AA protegidos do rúmen no rendimento médio de caseína do leite (g/h/d) de búfalas em lactação.

Experimental periods	C	Me	Ly	Me+Ly	Mean	±S.E
I	183.6	262.6	230.6	288.6	241.41^{AB}	3.9
II	211	248.3	242.6	280.6	245.66^{A}	3.9
III	176	237.6	223.6	283.3	230.16^{B}	3.9
IV	175.6	213	196	249	208.41^{C}	3.9
Mean	186.58^{D}	240.41^{B}	223.25^{C}	275.41^{A}		
± S.E	3.90	3.90	3.90	3.90		

Cada valor de média obtido a partir de 36 valores (12 animais).

As médias com sobrescritos diferentes na mesma linha ou coluna diferem significativamente (P<0,01).

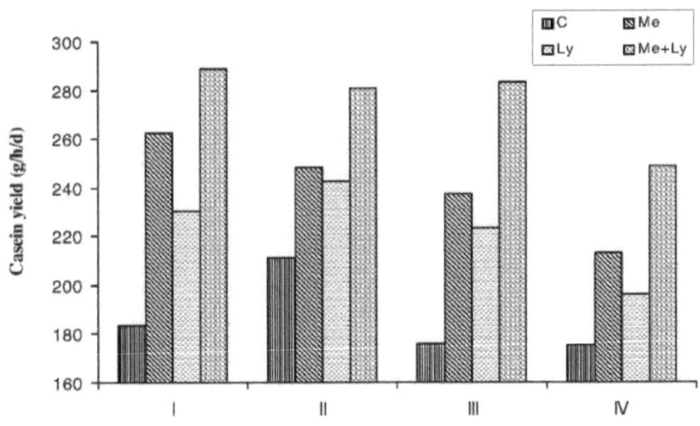

Fig. (23): Efeito dos suplementos de AA protegidos do rúmen no rendimento médio de caseína do leite de búfalas em lactação.

2.1.8. *Proteína de soro de leite*

O efeito dos tratamentos com aminoácidos protegidos do rúmen na percentagem de proteínas do soro do leite e na produção de búfalas em lactação que receberam diferentes tratamentos experimentais é apresentado nos Quadros (26) e (27) e nas Figuras (24 e (25). Não houve diferenças significativas (P>0,05) entre os tratamentos na percentagem de proteína do soro do leite Tabela (26) e Fig. (24). Todos os grupos experimentais (Me+Ly, Me e Ly) apresentaram uma ligeira diminuição (P>0,05) na percentagem de proteínas do soro do leite. Os valores respectivos da percentagem de proteínas do soro do leite foram: 0,825, 0,824, 0,790 e 0,811% para a percentagem dos tratamentos de controlo, Me, Ly e Me+Ly. Além disso, os períodos de lactação tiveram um efeito insignificante (P>0,05) na percentagem de proteína do soro do leite. A percentagem de soro de leite aumentou (P>0,05) gradualmente com o avanço da lactação. Os valores registados nos diferentes períodos de lactação foram: 0,796, 0,808, 0,824 e 0,821 para os períodos I, II, III e IV, respetivamente. **Lui *et al* (2000), Young *et al* (2001) e Pisulewski *et al* (2002) obtiveram** uma tendência semelhante para a percentagem de proteínas do soro do leite, tendo verificado que a percentagem de proteínas do soro do leite não foi afetada pela metionina e/ou lisina protegidas no rúmen suplementadas na ração dos animais leiteiros. Enquanto **Nichols *et al* (1998)** sugeriram um aumento (P<0,05) na percentagem de proteínas do soro de leite com metionina protegida no rúmen mais lisina.

Tabela (26): Efeito dos suplementos de AA protegidos do rúmen no teor médio de proteínas do soro do leite (%) de búfalas em lactação.

Experimental periods	C	Me	Ly	Me+Ly	Mean	±S.E
I	0.80	0.78	0.80	0.79	0.796	0.013
II	0.84	0.81	0.78	0.79	0.808	0.013
III	0.84	0.86	0.77	0.82	0.824	0.013
IV	0.81	0.83	0.79	0.84	0.821	0.013
Mean	0.825	0.824	0.790	0.811		
± S.E	0.013	0.013	0.013	0.013		

Cada valor de média obtido a partir de 36 valores (12 animais).

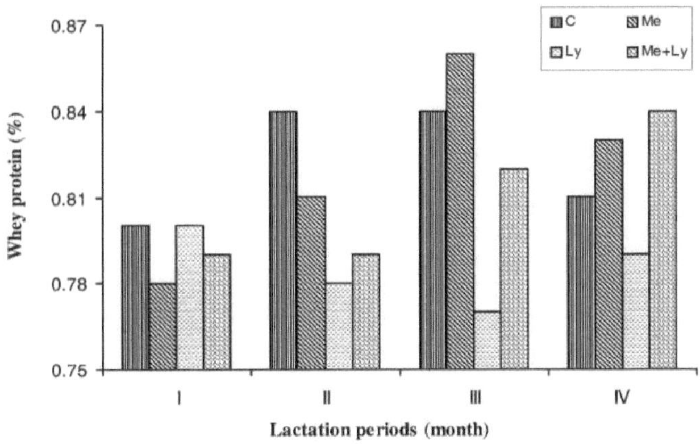

Fig. (24): Efeito de suplementos de AA protegidos no rúmen sobre o teor médio de proteínas do soro do leite (%) de búfalas em lactação.

Relativamente às médias globais do rendimento proteico do soro de leite, verificaram-se diferenças significativas (P<0,01) entre os tratamentos. Os tratamentos Me e Me+Ly aumentaram (P<0,01) o rendimento proteico do soro de leite em 17,5 e 23,9%, respetivamente, em comparação com o grupo de controlo, mas o tratamento Ly aumentou de forma insignificante em 7,1% em comparação com o grupo de controlo. Os valores respectivos da produção de proteínas do soro do leite foram: 54,75, 64,33, 58,66 e 67,83 g/h/d para os tratamentos de controlo, Me, Ly e Me+Ly. Relativamente ao efeito dos períodos de lactação na produção de proteínas do soro do leite, verificaram-se diferenças significativas (P<0,01) entre os períodos de lactação. A produção de proteína do soro do leite diminuiu (P<0,01) gradualmente com o avanço da lactação, onde os valores registados nos diferentes períodos de lactação foram: 63,75, 66,00, 61,25 e 54,58 para os períodos I, II, III e IV, respetivamente. Resultados semelhantes foram obtidos por **Varvikko *et al* (1999)**, que observaram que o rendimento proteico do soro de leite aumentou (P<0,05) com o tratamento com metionina protegida no rúmen. No entanto, **Pacheco-Rios (1999)** observou que o rendimento proteico do soro de leite não foi afetado pelo tratamento com metionina protegida no rúmen.

Tabela (27): Efeito de suplementos de AA protegidos no rúmen sobre o rendimento médio de proteína de soro de leite (g/h/d) de búfalas em lactação.

Experimental periods	C	Me	Ly	Me+Ly	Mean	±S.E
I	53.0	68.0	63.0	71.0	63.75^{A}	1.65
II	63.3	68.0	64.3	68.3	66.00^{A}	1.65
III	53.6	64.6	57.0	69.6	61.25^{A}	1.65
IV	49.0	56.6	50.3	62.3	54.58^{B}	1.65
Mean	54.75^{B}	64.33^{A}	58.66^{B}	67.83^{A}		
± S.E	1.65	1.65	1.65	1.65		

Cada valor de média obtido a partir de 36 valores (12 animais).

As médias com sobrescritos diferentes na mesma linha ou coluna diferem significativamente (P<0,01).

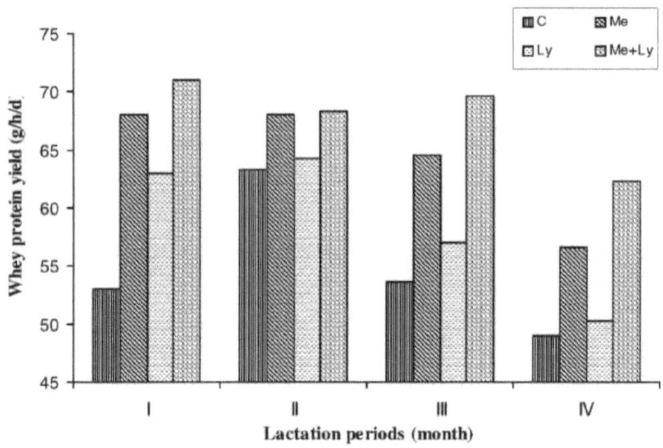

Fig. (25): Efeito de suplementos de AA protegidos no rúmen sobre o rendimento médio de proteína do soro do leite de búfalas em lactação.

2.1.9. Azoto não proteico do leite

O efeito dos tratamentos com aminoácidos protegidos do rúmen na percentagem de azoto não proteico do leite (NPN do leite) e na produção de búfalas em lactação que receberam diferentes tratamentos experimentais é apresentado nos quadros (28) e (29) e nas figuras (26) e (27). Registaram-se diferenças significativas (P<0,01) entre os tratamentos. Todos os grupos de búfalos tratados diminuíram (P<0,01) a percentagem de NPN do leite em 35,7, 31,0 e 14,3% para os tratamentos Me+Ly, Me e Ly, respetivamente, em comparação com o grupo de controlo. Os valores respectivos do NPN do leite foram: 0,042, 0,029, 0,036 e 0,027% para os tratamentos controlo, Me, Ly e Me+Ly. Por outro lado, os períodos de lactação tiveram um efeito insignificante

(P>0,05) na percentagem de NPN do leite. Os valores da percentagem de NPN do leite foram: 0,033, 0,033, 0,032 e 0,035% para os períodos I, II, III e IV, respetivamente. Estes resultados dos tratamentos com aminoácidos protegidos no rúmen não estão de acordo com as conclusões de **Varvikko *et al* (1999) e Younge *et al* (2001)**, que referiram que a percentagem de NPN do leite não foi afetada por uma ração suplementada com metionina ou lisina protegida no rúmen.

No que diz respeito às médias gerais da produção de NPN do leite, houve diferenças significativas (P<0,01) entre os tratamentos Tabela (29) e Fig. (27). Os tratamentos Me + Ly e Me diminuíram a produção de NPN do leite (P<0,01) em 18% do que o controlo, mas. O tratamento Ly diminuiu de forma insignificante a produção de NPN em 5,0% em comparação com o controlo. Os valores respectivos da produção de NPN do leite foram 2,75, 2,25, 2,61 e 2,25 g/h/d para os tratamentos controlo, Me, Ly e Me+Ly.

Tabela (28): Efeito dos suplementos de AA protegidos do rúmen no teor médio de azoto não proteico do leite (%) de búfalas em lactação.

Experimental periods	C	Me	Ly	Me+Ly	Mean	±S.E
I	0.037	0.030	0.037	0.028	0.033	0.001
II	0.041	0.028	0.037	0.027	0.033	0.001
III	0.043	0.027	0.034	0.026	0.32	0.001
IV	0.047	0.030	0.035	0.028	0.035	0.001
Mean	0.042^{A}	0.029^{C}	0.036^{B}	0.027^{C}		
± S.E	0.001	0.001	0.001	0.001		

Cada valor de média obtido a partir de 36 valores (12 animais).

As médias com diferentes sobrescritos na mesma linha diferem significativamente (P<0,01).

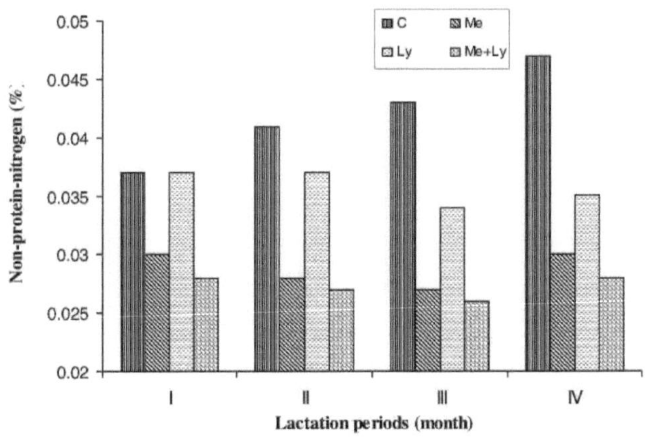

Fig. (26): Efeito dos suplementos de AA protegidos do rúmen no teor médio de azoto não proteico do leite (%) de búfalas em lactação.

No que diz respeito ao efeito dos períodos experimentais de lactação na produção de NPN do leite, houve diferenças significativas (P<0,05) entre os períodos. O valor do primeiro período foi de 2,26 g/h/d e depois aumentou (P>0,05) até atingir o valor mais alto no segundo período (2,67 g/h/d) e depois diminuiu (P<0,05) gradualmente nos períodos seguintes até atingir 2,36 e 2,28 g/h/d para os períodos III e IV, respetivamente. Estes resultados não estão de acordo com **Pacheco-Rios *et al* (1999),** que verificaram que a produção de NPN no leite não foi afetada por rações suplementadas com metionina protegida no rúmen.

Tabela (29): Efeito dos suplementos de AA protegidos no rúmen no rendimento médio de azoto não proteico do leite (g/h/d) de búfalas em lactação.

Experimental periods	C	Me	Ly	Me+Ly	Mean	±S.E
I	2.36	2.60	2.83	2.46	2.56^{AB}	0.093
II	3.10	2.30	2.96	2.33	2.67^{A}	0.093
III	2.76	2.06	2.43	2.20	2.36^{B}	0.093
IV	2.80	2.06	2.23	2.03	2.28^{B}	0.093
Mean	2.75^{A}	2.25^{B}	2.61^{A}	2.25^{B}		
± S.E	0.093	0.093	0.093	0.093		

Cada valor de média obtido a partir de 36 valores (12 animais).
As médias com sobrescritos diferentes na mesma linha ou coluna diferem significativamente (P<0,01).

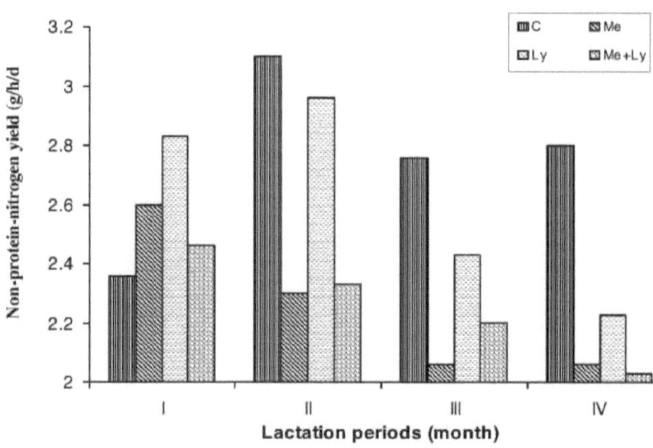

Fig. (27): Efeito dos suplementos de AA protegidos no rúmen sobre o rendimento médio de azoto não proteico do leite de búfalas em lactação.

2.1.10. Lactose do leite

O efeito dos tratamentos com aminoácidos protegidos no rúmen sobre a percentagem de lactose do leite e a produção de búfalas em lactação que receberam diferentes tratamentos experimentais é mostrado na Tabela (30) e (31) e na Fig. (28) e (29). Os diferentes suplementos de aminoácidos protegidos do rúmen aumentaram (P<0,01) a percentagem de lactose do leite em 6,22, 2,36 e 1,71% para os tratamentos Me+Ly, Me e Ly, respetivamente, em comparação com o grupo de controlo. Os valores da percentagem de lactose do leite foram: 4,66, 4,77, 4,74 e 4,95 para os tratamentos de controlo, Me, Ly e Me+Ly, respetivamente. A análise do efeito dos períodos experimentais de lactação sobre a lactose do leite indica que o valor mais elevado (P<0,01) da lactose do leite foi registado no 3° período (4,96%), seguido do 2° período (4,86%) e depois do 1° período (4,66%). No entanto, o valor mais baixo (P<0,01) foi registado no 4° período de lactação (4,64%). Resultados semelhantes foram relatados por **Sevi** ***et al*** **(1998),** que descobriram que a percentagem de lactose no leite aumentou quando a metionina e a lisina protegidas pelo rúmen foram suplementadas na ração de ovelhas leiteiras. Enquanto **Lui** ***et al*** **(2000) e Pisulewski** ***et al*** **(2002)** observaram que a percentagem de lactose do leite não foi afetada pelo tratamento com metionina protegida no rúmen. Os resultados obtidos podem dever-se ao aumento significativo (P<0,01) da glucose no soro sanguíneo (Quadro 48) no grupo tratado.

Tabela (30): Efeito dos suplementos de AA protegidos do rúmen no teor médio de lactose do leite (%) de búfalas em lactação.

Experimental periods	C	Me	Ly	Me+Ly	Mean	±S.E
I	4.54	4.66	4.63	4.81	4.66^{C}	0.013
II	4.76	4.87	4.84	4.99	4.86^{B}	0.013
III	4.87	4.94	4.93	5.13	4.96^{A}	0.013
IV	4.49	4.63	4.53	4.88	4.64^{C}	0.013
Mean	4.66^{C}	4.77^{B}	4.74^{B}	4.95^{A}		
± S.E	0.013	0.013	0.013	0.013		

Cada valor de média obtido a partir de 36 valores (12 animais).

As médias com sobrescritos diferentes na mesma linha ou coluna diferem significativamente (P<0,01).

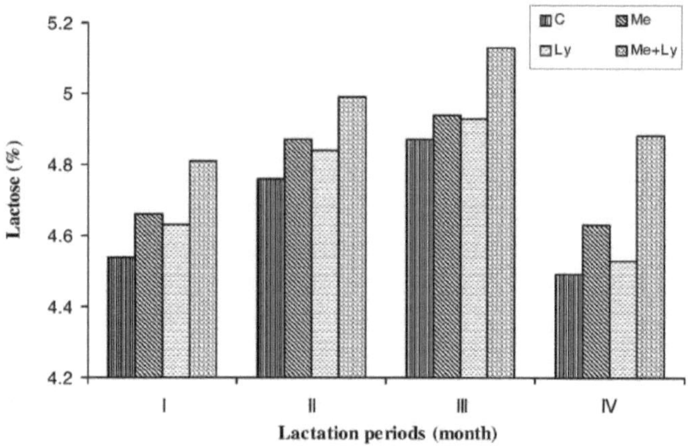

Fig. (28): Efeito dos suplementos de AA protegidos do rúmen no teor médio de lactose do leite (%) de búfalas em lactação.

Relativamente aos valores da produção de lactose do leite, a Tabela (31) e a Fig. (29) mostram que os diferentes grupos de búfalas suplementadas produziram significativamente (P<0,01) mais lactose do leite 33,5, 17,7 e 13,2% para os tratamentos Me+Ly, Me e Ly, respetivamente, em comparação com o grupo de controlo. Os valores da produção de lactose no leite foram de 310,5, 365,6, 351,7 e 414,7 g/h/d para os tratamentos controlo, Me, Ly e Me+Ly, respetivamente. O efeito dos períodos de lactação na produção de lactose do leite, houve diferenças significativas (P<0,01) entre os períodos de lactação. O rendimento em lactose do leite diminuiu (P<0,01) gradualmente com o avanço da lactação, onde os valores registados nos diferentes períodos de lactação foram 373,8, 398,7, 360,8 e 309,3 para os períodos I, II, III e IV, respetivamente. Estes resultados estão de acordo com os relatados por **Sevi *et al* (1998), Nichols *et al* (1998) e Fahey *et al* (2002)**, que relataram aumentos significativos na produção de lactose no leite, para animais alimentados com uma dieta suplementada com metionina e lisina protegidas pelo rúmen. Pelo contrário, **Robinson *et al* (1998), Varvikko *et al* (1999) e Pisulewski *et al* (2002)** observaram que não havia efeitos significativos na produção de lactose do leite quando os animais eram alimentados com uma dieta com aminoácidos protegidos no rúmen.

Tabela (31): Efeito de suplementos de AA protegidos no rúmen sobre a produção média de lactose no leite (g/h/d) de búfalas em lactação.

Experimental periods	C	Me	Ly	Me+Ly	Mean	±S.E
I	299.3	402.3	364	429.6	373.83^{AB}	8.63
II	360.3	406.0	397.3	431.3	398.75^{A}	8.63
III	310.0	339.0	358.0	436.3	360.83^{B}	8.63
IV	272.6	315.3	287.6	361.6	309.33^{C}	8.63
Mean	310.58^{C}	365.67^{B}	351.75^{B}	414.75^{A}		
± S.E	8.63	8.63	8.63	8.63		

Cada valor de média obtido a partir de 36 valores (12 animais).

As médias com sobrescritos diferentes na mesma linha ou coluna diferem significativamente (P<0,01).

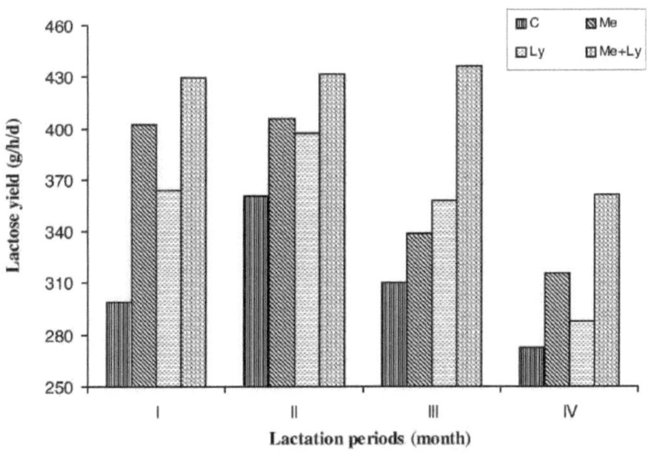

Fig. (29): Efeito dos suplementos de AA protegidos do rúmen no rendimento médio de lactose do leite de búfalas em lactação.

2.1.11. Cinzas de leite

O efeito do suplemento de aminoácidos protegidos do rúmen na percentagem de cinzas do leite e na produção de búfalas em lactação que receberam diferentes tratamentos experimentais é apresentado nos Quadros (32) e (33) e nas Figuras (30) e (31). Não houve diferenças significativas (P>0,05) entre os tratamentos na percentagem de cinzas do leite. Os valores respectivos do teor de cinzas do leite foram: 0,720, 0,722, 0,718 e 0,723% para os tratamentos de controlo, Me, Ly e Me+Ly. Por outro lado, os períodos de lactação tiveram um efeito significativo (P<0,01) no teor de cinzas do leite. O teor de cinzas do leite aumentou (P<0,01) gradualmente com o avanço da lactação, sendo que o valor mais baixo (P<0,01) do teor de cinzas do leite foi registado no primeiro e segundo períodos de lactação (0,689 e 0,689%, respetivamente). O teor de cinzas do leite aumentou (P<0,01) para atingir (0,725%) no 3º período, e depois aumentou também para atingir o valor mais alto no 4º período de lactação (sendo 0,780%). Uma tendência semelhante do teor de cinzas do leite foi obtida por **Kholif e Kholif (2003)**, que verificaram que o teor de cinzas do leite não foi afetado por uma ração para animais leiteiros suplementada com metionina protegida no rúmen.

Tabela (32): Efeito dos suplementos de AA protegidos do rúmen no teor médio de cinzas do leite (%) de búfalas em lactação.

Experimental periods	C	Me	Ly	Me+Ly	Mean	±S.E
I	0.72	0.69	0.70	0.66	0.689^{C}	0.010
II	0.67	0.67	0.67	0.73	0.689^{C}	0.010
III	0.71	0.72	0.73	0.72	0.725^{B}	0.010
IV	0.76	0.80	0.76	0.80	0.780^{A}	0.010
Mean	0.720	0.722	0.718	0.723		
± S.E	0.010	0.010	0.010	0.010		

Cada valor de média obtido a partir de 36 valores (12 animais).
As médias com diferentes sobrescritos na mesma coluna diferem significativamente (P<0,01).

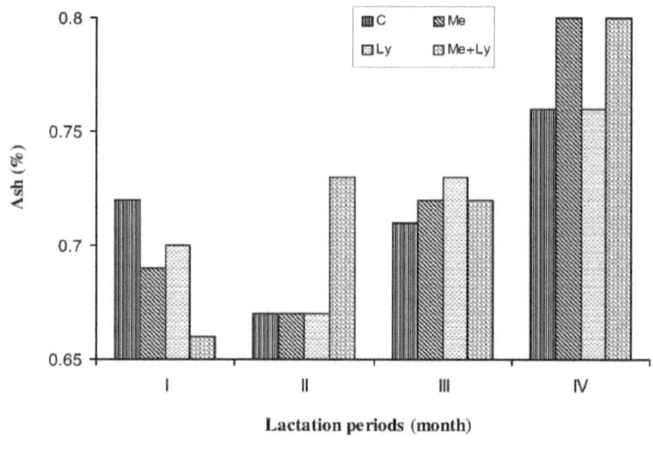

Fig. (30): Efeito dos suplementos de AA protegidos do rúmen no teor médio de cinzas do leite (%) de búfalas em lactação.

No que diz respeito às médias gerais da produção de cinzas do leite, os dados indicam que houve diferenças significativas (P<0,01) entre os tratamentos Tabela (33) Fig. (31). Todos os grupos de animais tratados aumentaram (P<0,01) a produção de cinzas do leite em 30,8, 20,5 e 13,5% para os tratamentos Me+Ly, Me e Ly, respetivamente, em comparação com o grupo de controlo. Os valores respectivos da produção de cinzas do leite foram: 46,60, 56,19, 52,93 e 60,96 g/h/d para os tratamentos controlo, Me, Ly e Me+Ly. Relativamente ao efeito dos períodos de lactação na produção de cinzas do leite, não se registaram diferenças significativas (P>0,05) entre os períodos de lactação. Os valores registados nos diferentes períodos de lactação foram: 54,48, 56,46, 53,85 e 51,89 g/h/d para os períodos I, II, III e IV, respetivamente.

Tabela (33): Efeito dos suplementos de AA protegidos do rúmen na produção média de cinzas do leite (g/h/d) de búfalas em lactação.

Experimental periods	C	Me	Ly	Me+Ly	Mean	±S.E
I	43.43	59.90	55.33	59.26	54.48	1.16
II	51.16	55.76	55.23	63.66	56.46	1.16
III	45.66	54.76	53.46	61.50	53.85	1.16
IV	46.10	54.33	47.70	59.43	51.89	1.16
Mean	46.60^{C}	56.19^{B}	52.93^{B}	60.96^{A}		
± S.E	1.16	1.16	1.16	1.16		

Cada valor de média obtido a partir de 36 valores (12 animais).

As médias com diferentes sobrescritos na mesma linha diferem significativamente (P<0,01).

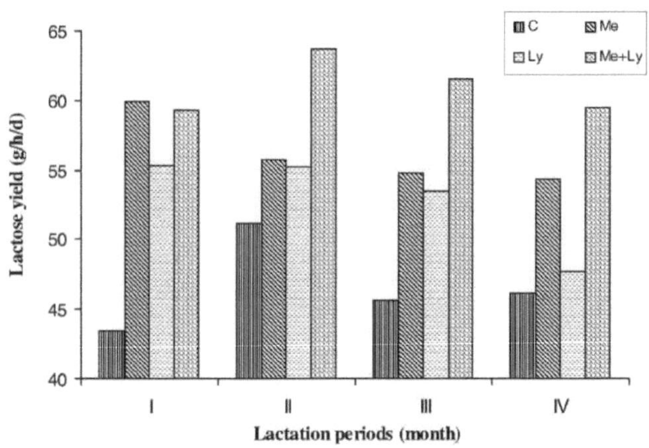

Fig. (31): Efeito dos suplementos de AA protegidos do rúmen na produção média de cinzas do leite de búfalas em lactação.

2.1.12. Valor do pH e acidez do leite

O efeito dos tratamentos com aminoácidos protegidos no rúmen sobre o valor do pH do leite e a acidez das búfalas em lactação que receberam diferentes tratamentos experimentais é apresentado nos Quadros (34) e (35) e nas Figuras (32) e (33). Os dados da Tabela (34) e da Fig. (32) indicam que houve diferenças significativas (P<0,05) entre os tratamentos no pH do leite. O tratamento Ly aumentou (P<0,05) o valor do pH do leite em comparação com os tratamentos controlo, Me e Me+Ly. Os valores respectivos do pH do leite foram 6,68, 6,68, 6,72 e 6,67 para os tratamentos controlo, Me, Ly e Me+Ly. Por outro lado, foram detectadas diferenças significativas (P<0,01) entre os diferentes períodos de lactação no valor do pH do leite. O pH do leite diminuiu significativamente (P<0,01) com o avanço do período de lactação. Os valores respectivos do pH do leite foram 6,71, 6,72, 6,67 e 6,65 para os períodos I, II, III e IV. Em relação aos valores da acidez do leite, a Tabela (35) e a Fig. (33) mostram que a metionina ou/e a lisina protegidas pelo rúmen não afectaram (P>0,05) a acidez do leite. Os valores respectivos da acidez do leite foram: 0,171, 0,172, 0,166 e 0,175% para os tratamentos de controlo, Me, Ly e Me+Ly.

Tabela (34): Efeito de suplementos de AA protegidos do rúmen no valor médio do pH do leite de búfalas em lactação.

Experimental periods	C	Me	Ly	Me+Ly	Mean	±S.E
I	6.72	6.71	6.74	6.69	6.71^{A}	0.011
II	6.69	6.73	6.75	6.71	6.72^{A}	0.011
III	6.66	6.66	6.71	6.66	6.67^{B}	0.011
IV	6.65	6.65	6.68	6.61	6.65^{B}	0.011
Mean	6.68^{b}	6.68^{b}	6.72^{a}	6.67^{b}		
± S.E	0.011	0.011	0.011	0.011		

Cada valor de média obtido a partir de 36 valores (12 animais).

As médias com diferentes sobrescritos na mesma linha ou coluna diferem significativamente (P<0,01 = letras maiúsculas, P<0,05 = letras minúsculas).

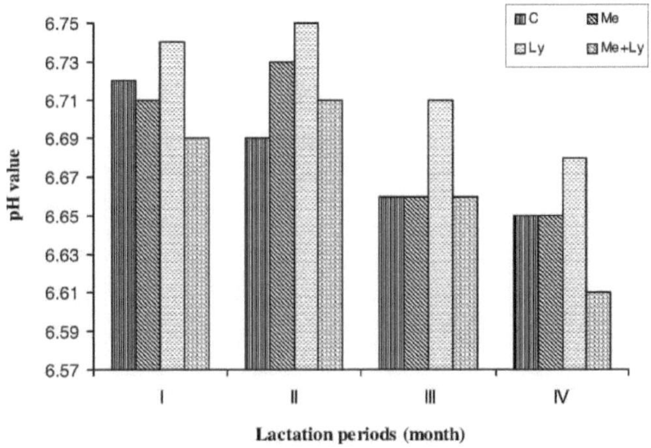

Fig. (32): Efeito de suplementos de AA protegidos do rúmen no valor médio do pH do leite de búfalas em lactação.

Relativamente às médias globais da acidez do leite, houve diferenças significativas (P<0,01) entre os períodos experimentais de lactação. O primeiro e segundo períodos registaram o valor mais baixo (P<0,01) de acidez do leite (0,166 e 0,165% respetivamente) e depois aumentaram gradualmente (P>0,05) para atingir 0,172% no 3º período e atingiram o seu pico para 0,180% (P<0,01) no 4º período.

Tabela (35): Efeito de suplementos de AA protegidos do rúmen na acidez média do leite de búfalas em lactação.

Experimental periods	C	Me	Ly	Me+Ly	Mean	±S.E
I	0.16	0.17	0.16	0.16	0.166^{B}	0.002
II	0.16	0.16	0.16	0.16	0.165^{B}	0.002
III	0.17	0.17	0.16	0.17	0.172^{B}	0.002
IV	0.18	0.17	0.17	0.19	0.180^{A}	0.002
Mean	0.171	0.172	0.166	0.175		
± S.E	0.002	0.002	0.002	0.002		

Cada valor de média obtido a partir de 36 valores (12 animais).

As médias com diferentes sobrescritos na mesma coluna diferem significativamente (P<0,01).

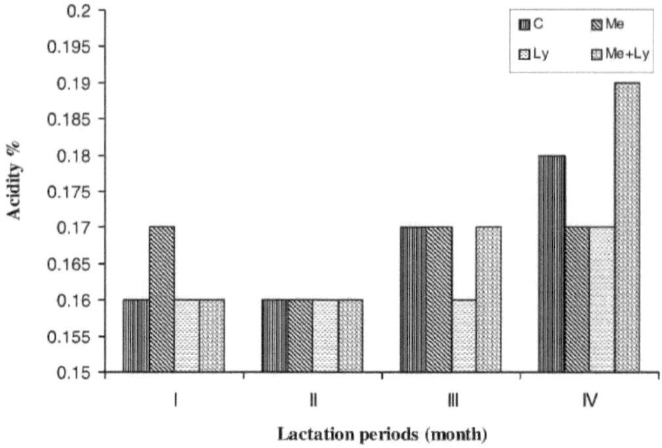

Fig. (33): Efeito de suplementos de AA protegidos do rúmen na acidez média do leite de búfalas em lactação.

As médias gerais de toda a composição e produção de leite dos diferentes tratamentos foram resumidas nas Tabelas (36) e (37).

Tabela (36): Efeito dos suplementos de AA protegidos do rúmen na média geral da produção e composição do leite de búfalas em lactação.

Items	Treatments				
	Control	Me	Ly	Me+Ly	±S.E
Milk yield (kg/d)	6.65^{D}	7.82^{B}	7.40^{C}	8.37^{A}	0.129
Fat-corrected-milk (kg/d)	9.30^{D}	11.41^{B}	10.52^{C}	12.34^{A}	0.179
Fat content (%)	6.68^{D}	7.01^{B}	6.85^{C}	7.18^{A}	0.035
Total solids content (%)	15.89^{D}	16.37^{B}	16.12^{C}	16.93^{A}	0.072
Solids – not – fat content (%)	9.21^{B}	9.35^{B}	9.31^{B}	9.75^{A}	0.064
Total proteins content (%)	3.72^{D}	4.00^{B}	3.91^{C}	4.17^{A}	0.018
Casein content (%)	2.80^{D}	3.07^{B}	3.02^{C}	3.28^{A}	0.017
Whey protein content (%)	0.825	0.824	0.790	0.811	0.013
Non-protein-nitrogen content (%)	0.042^{A}	0.029^{C}	0.036^{B}	0.027^{C}	0.001
Lactose content (%)	4.66^{C}	4.77^{B}	4.74^{B}	4.95^{A}	0.013
Ash content (%)	0.72	0.72	0.71	0.72	0.010
pH value	6.68^{b}	6.68^{b}	6.72^{a}	6.67^{b}	0.011
Acidity	0.17	0.17	0.16	0.17	0.002

Cada valor de média obtido a partir de 36 valores (12 animais).

As médias com diferentes sobrescritos na mesma linha diferem significativamente (P<0,01 = letras maiúsculas, P<0,05 = letras minúsculas).

Tabela (37): Efeito dos suplementos de AA protegidos do rúmen na média geral da produção de componentes do leite (g/dia) de búfalas em lactação.

Items	Treatments				
	Control	Me	Ly	Me+Ly	±S.E
Fat yield	442.75^{D}	546.50^{B}	504.00^{C}	599.58^{A}	8.99
Total solids yield	1054.75^{D}	1279.0^{B}	1193.75^{C}	1416.33^{A}	21.03
Solids – not – fat yield	612.25^{D}	731.83^{B}	690.08^{C}	816.33^{A}	12.74
Total proteins yield	247.25^{D}	312.83^{B}	289.58^{C}	348.91^{A}	5.13
Casein yield	186.58^{D}	240.41^{B}	223.25^{C}	275.41^{A}	3.90
Whey protein yield	54.75^{B}	64.33^{A}	58.66^{B}	67.83^{A}	1.65
Non-protein-nitrogen yield	2.75^{A}	2.25^{B}	2.61^{A}	2.25^{B}	0.093
Lactose yield	310.58^{C}	365.67^{B}	351.75^{B}	414.75^{A}	8.63
Ash yield	46.60^{C}	56.19^{B}	52.93^{B}	60.96^{A}	1.16

Cada valor de média obtido a partir de 36 valores (12 animais).

As médias com diferentes sobrescritos na mesma linha diferem significativamente (P<0,01).

2.2. Efeito dos tratamentos em alguns parâmetros do soro sanguíneo

2.2.1. Proteínas totais do soro

O efeito dos tratamentos com aminoácidos protegidos no rúmen sobre as proteínas totais do soro de búfalas lactantes que receberam diferentes tratamentos experimentais é mostrado na Tabela (38) Fig. (34). Houve diferenças significativas (P<0,01) entre os tratamentos detectados nas proteínas totais do soro. O valor mais elevado de proteínas totais do soro foi registado no tratamento Me+Ly, seguido do tratamento Me e depois do tratamento Ly, enquanto o valor mais baixo foi registado no grupo de controlo. O tratamento Me+Ly aumentou (P<0,01) as proteínas totais do soro em 13,8%, assim como os tratamentos Me e Ly aumentaram (P<0,01) as proteínas totais do soro em 8,4% e 4%, respetivamente, em comparação com o grupo de controlo. A média geral das proteínas totais séricas foi de 6,90, 7,48, 7,18 e 7,85 (g/100ml) para os tratamentos de controlo, Me, Ly e Me+Ly, respetivamente. Relativamente aos valores das proteínas totais séricas ao longo dos diferentes períodos de lactação, verificaram-se diferenças significativas (P<0,01) entre os períodos de lactação nas médias gerais das proteínas totais séricas. Os valores foram de 7,15, 7,23, 7,39 e 7,64 (g/100ml) para os períodos I, II, III e IV, respetivamente. As proteínas totais do soro reflectem o estado nutricional do animal e têm uma correlação positiva com a proteína da dieta. Estes resultados foram paralelos aos valores da digestibilidade da matéria orgânica e da proteína bruta (Tabela, 2) na primeira experiência. O aumento das proteínas totais no soro com os tratamentos com aminoácidos protegidos pode dever-se ao aumento do nível de metionina e lisina no sangue, sugerindo que a metionina e a lisina foram fornecidas pós-transformação para absorção a partir do intestino delgado (**Piepenbrink *et al.*, 1996**). Estes resultados estão de acordo com as conclusões de **Blum *et al* (1999)** e **Vanhatalo *et al* (1999)**, que referem que a suplementação com aminoácidos protegidos no rúmen aumenta a concentração de aminoácidos no plasma dos animais. Contrariamente a estes resultados, **Kholif e Kholif (2003)** não encontraram efeitos significativos para a suplementação de metionina protegida na dieta de cabras sobre as proteínas totais no soro sanguíneo.

Tabela (38): Efeito de suplementos de AA protegidos no rúmen sobre a média de proteínas totais no soro sanguíneo (g/100ml) de búfalas em lactação.

Experimental periods	C	Me	Ly	Me+Ly	Mean	±S.E
I	6.7	7.4	6.83	7.66	7.15^{C}	0.076
II	6.7	7.13	7.26	7.83	7.23^{BC}	0.076
III	6.83	7.6	7.23	7.9	7.39^{B}	0.076
IV	7.36	7.8	7.4	8.0	7.64^{A}	0.076
Mean	6.90^{D}	7.48^{B}	7.18^{C}	7.85^{A}		
± S.E	0.076	0.076	0.076	0.076		

Cada valor da média é obtido a partir de 12 valores (12 animais).
As médias com sobrescritos diferentes na mesma linha ou coluna diferem significativamente (P<0,01).

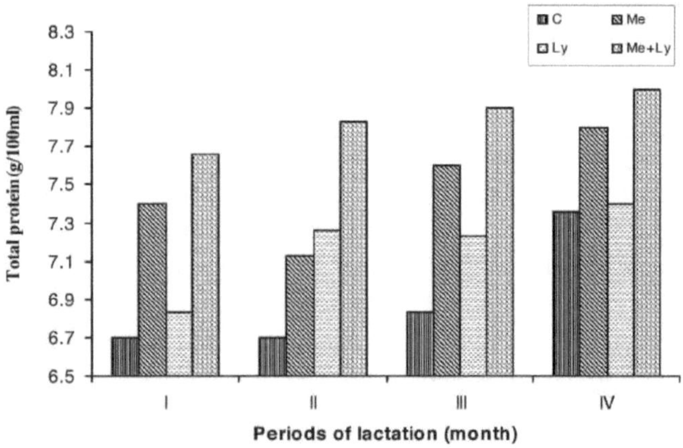

Fig. (34): Efeito de suplementos de AA protegidos no rúmen sobre as proteínas totais médias do soro sanguíneo de búfalas em lactação.

2.2.2. Albumina sérica

O efeito dos tratamentos com aminoácidos protegidos no rúmen sobre a albumina sérica de búfalas em lactação que receberam diferentes tratamentos experimentais é mostrado na Tabela (39) e na Fig. (35). Foram detectadas diferenças significativas (P<0,01) na albumina sérica entre os tratamentos. As médias globais da albumina sérica variaram entre 3,47 no controlo e 3,85 (g/100ml) no tratamento Me+ Ly, o que indica um aumento (P<0,01) da albumina sérica em comparação com os outros tratamentos. Por outro lado, os tratamentos Me e Ly aumentaram (P<0,01) a albumina sérica em comparação com o grupo de controlo. Os tratamentos com aminoácidos protegidos aumentaram a albumina sérica em 10,9, 5,7 e 3,7% para os tratamentos Me+Ly, Me e Ly, respetivamente, em comparação com o controlo. Os valores respectivos da albumina sérica foram de 3,47, 3,67, 3,60 e 3,85 (g/100ml) para os tratamentos controlo, Me, Ly e Me+Ly. No que diz respeito à albumina sérica ao longo dos períodos de lactação, a Tabela (39) mostra que as médias gerais de albumina sérica foram: 3,59, 3,69, 3,62 e 3,70 (g/100ml) para os períodos I, II, III e IV, respetivamente. O aumento da albumina sérica pode dever-se ao aumento do nível de aminoácidos (metionina e lisina) no sangue. Além disso, a digestibilidade da matéria orgânica e do PC (Quadro 2) foi mais elevada na primeira experiência. Além disso, o aumento da albumina sérica estará associado ao aumento da proteína do leite (a albumina sérica é a principal fonte de síntese da proteína do leite).

Tabela (39): Efeito dos suplementos de AA protegidos do rúmen na albumina sérica média do sangue (g/100ml) de búfalas em lactação.

Experimental periods	C	Me	Ly	Me+Ly	Mean	±S.E
I	3.43	3.63	3.43	3.86	3.59	0.057
II	3.46	3.70	3.83	3.76	3.69	0.057
III	3.46	3.66	3.53	3.83	3.62	0.057
IV	3.53	3.70	3.60	3.96	3.70	0.057
Mean	3.47^{C}	3.67^{B}	3.60^{BC}	3.85^{A}		
± S.E	0.057	0.057	0.057	0.057		

Cada valor da média é obtido a partir de 12 valores (12 animais).

As médias com diferentes sobrescritos na mesma linha diferem significativamente (P<0,01).

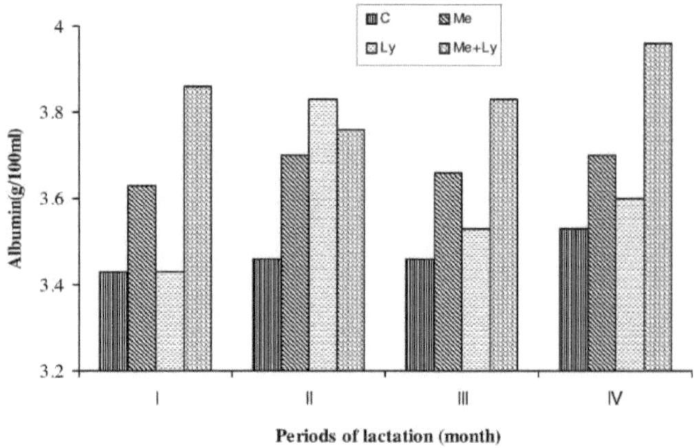

Fig. (35): Efeito dos suplementos de AA protegidos do rúmen na albumina sérica média do sangue de búfalas em lactação.

2.2.3. Globulina sérica

A Tabela (40) e a Fig. (36) mostram o efeito dos tratamentos com aminoácidos protegidos no rúmen sobre a globulina sérica de búfalas lactantes que receberam diferentes tratamentos experimentais. Houve diferenças significativas (P<0,01) entre os tratamentos nas médias gerais de globulina sérica. As médias globais da globulina sérica variaram entre 3,42 no grupo de controlo e 3,99 (g./100ml) no tratamento Me+Ly. Os tratamentos Me +Ly e Me aumentaram significativamente (P<0,01) a globulina sérica em 16,6 e 11,1%, respetivamente, enquanto o tratamento Ly aumentou ligeiramente (P>0,05) a globulina sérica em 4,6%, em comparação com o grupo de controlo. Os valores da globulina sérica foram de 3,42, 3,80, 3,58 e 3,99 (g/100ml) para os tratamentos de controlo, Me, Ly, Me+Ly, respetivamente. A inspeção dos valores de globulina sérica ao longo dos períodos de lactação, Tabela (40), mostra que o valor mais elevado (P<0,01) de globulina sérica foi registado no período IV de lactação.

Os valores da globulina sérica foram: 3,55, 3,54, 3,76 e 3,94 (g/100ml) para os períodos experimentais I, II, III e IV, respetivamente. Contrariamente a estes resultados, **Kholif e Kholif (2003)** não encontraram efeitos significativos para a suplementação de metionina protegida na dieta de cabras sobre a globulina sérica do sangue.

Tabela (40): Efeito dos suplementos de AA protegidos do rúmen na globulina sérica média do sangue (g/100ml) de búfalas em lactação.

Experimental periods	C	Me	Ly	Me+Ly	Mean	±S.E
I	3.26	3.76	3.40	3.80	3.55^{B}	0.086
II	3.23	3.43	3.43	4.06	3.54^{B}	0.086
III	3.36	3.93	3.70	4.06	3.76^{AB}	0.086
IV	3.83	4.10	3.80	4.03	3.94^{A}	0.086
Mean	3.42^{C}	3.80^{AB}	3.58^{BC}	3.99^{A}		
± S.E	0.086	0.086	0.086	0.086		

Cada valor da média é obtido a partir de 12 valores (12 animais).

As médias com sobrescritos diferentes na mesma linha ou coluna diferem significativamente (P<0,01).

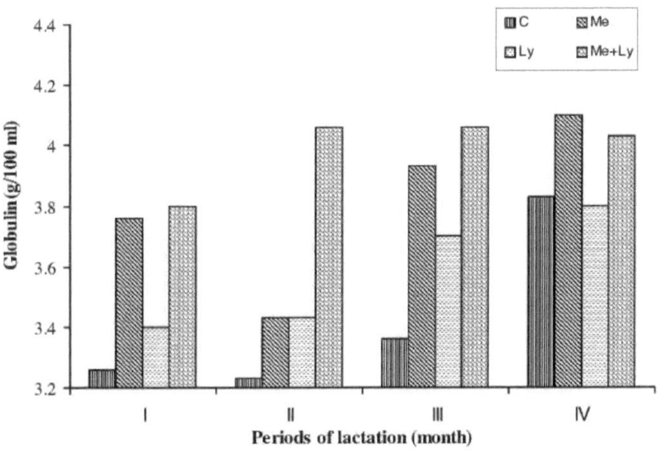

Fig. (36): Efeito de suplementos de AA protegidos no rúmen sobre a globulina sérica média do sangue de búfalas em lactação.

2.2.4. Relação albumina: globulina (A/G) sérica

A Tabela (41) e a Fig. (37) mostram o efeito dos tratamentos com aminoácidos protegidos do rúmen na relação A/G do soro de búfalas em lactação que receberam diferentes tratamentos experimentais. Não houve diferenças significativas (P>0,05) entre os tratamentos nas médias gerais da relação A/G do soro. As médias globais da relação soro A/G variaram entre 0,96 no tratamento Me+Ly e 1,02 no grupo de controlo. Os valores respectivos da relação A/G do soro foram: 1,02, 0,97, 1,01 e 0,96 para os tratamentos de controlo, Me, Ly e Me+Ly.

Relativamente ao rácio A/G sérico ao longo dos diferentes períodos de lactação, não se registaram diferenças significativas (P>0,05) entre os períodos de lactação nas médias gerais do rácio A/G sérico. O valor mais elevado foi registado no período II, seguido do período I e depois do período III, enquanto o valor mais baixo foi registado no período IV. Os valores da relação A/G do soro foram: 1,01, 1,05, 0,96 para os períodos I, II, III e IV, respetivamente.

Tabela (41): Efeito dos suplementos de AA protegidos no rúmen sobre a relação média albumina/globulina no soro sanguíneo de búfalas em lactação.

Experimental periods	C	Me	Ly	Me+Ly	Mean	±S.E
I	1.05	0.97	1.02	1.02	1.01^{AB}	0.034
II	1.09	1.07	1.12	0.92	1.05^{A}	0.034
III	1.02	0.94	0.95	0.94	0.96^{AB}	0.034
IV	0.91	0.90	0.95	0.98	0.94^{B}	0.034
Mean	1.02	0.97	1.01	0.96		
± S.E	0.034	0.034	0.034	0.034		

Cada valor da média é obtido a partir de 12 valores (12 animais).

As médias com diferentes sobrescritos na mesma coluna diferem significativamente (P<0,01).

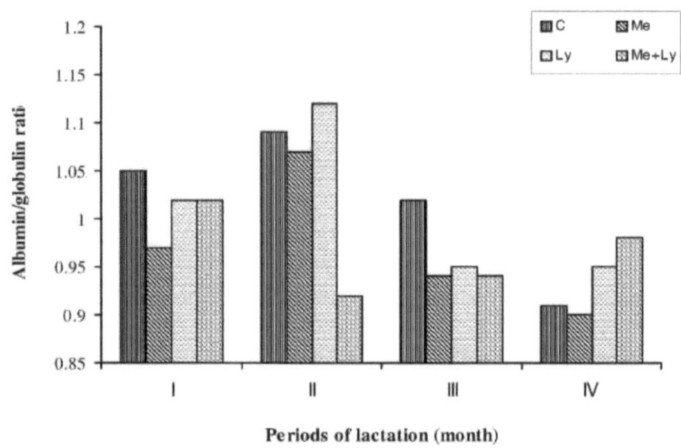

Fig. (37): Efeito dos suplementos de AA protegidos no rúmen sobre a relação média albumina/globulina no soro sanguíneo de búfalas em lactação.

2.2.5. Ureia sérica

Está bem estabelecido que o azoto ureico é formado no fígado a partir do catabolismo das proteínas no ciclo da ornitina, da citrulina e da orginina. Representa o principal produto do calabolismo proteico. Normalmente, esta substância não tem qualquer função útil no organismo para além de uma possível ação diurética ligeira e é excretada quase exclusivamente pelos rins.

Os dados da Tabela (42) e da Fig. (38) mostram o efeito dos tratamentos com aminoácidos protegidos do rúmen na concentração de ureia sérica de búfalas em lactação que receberam diferentes tratamentos experimentais. Não houve diferenças significativas (P>0,05) entre os tratamentos nas médias gerais da concentração de ureia no soro. As médias globais da ureia sérica variaram entre 40,33 no tratamento Ly e 42,10 (mg/100ml) no grupo de controlo. Todos os tratamentos com aminoácidos protegidos não afectaram a ureia sérica. Os valores da ureia sérica foram: 42,10, 41,14, 40,33 e 40,65 (mg/100ml) para os tratamentos de controlo, Me, Ly e Me+Ly, respetivamente. Os resultados da ureia sérica indicam que o suplemento de aminoácidos protegidos do rúmen à ração animal não teve efeitos adversos na função renal. Na inspeção do efeito dos períodos de lactação na ureia sérica, não houve diferenças significativas (P>0,05) entre os períodos de lactação. A concentração de ureia sérica aumentou com o avanço da lactação, tendo o valor mais elevado sido registado no 4º período, enquanto o valor mais baixo foi registado no 1º período. Os valores da ureia sérica foram: 40,33, 41,10, 40,90 e 41,89 (mg/100ml) para os períodos I, II, III e IV, respetivamente.

Estes resultados estão de acordo com os obtidos por **Pacheco-Rios *et al* (1999), Varvikko *et al* (1999) e Kholif e Kholif (2003).** No entanto, **Piepenbrink *et al* (1996)** referiram que a concentração de ureia no plasma sanguíneo aumentava quando a metionina e a lisina protegidas por via ruminal eram suplementadas com rações leiteiras. De acordo com **Lewis *et al* (1957),** os padrões gerais de concentração de azoto amoniacal no rúmen são aproximadamente paralelos e a medição da concentração de ureia no soro foi proposta como teste suplementar para a eficiência na utilização atual em ruminantes. Os valores aparentemente normais obtidos no presente estudo para a ureia sérica e o azoto amoniacal fluido do rúmen sugerem uma utilização eficiente do azoto das rações pelos microrganismos ruminais.

Tabela (42): Efeito dos suplementos de AA protegidos no rúmen sobre a ureia sérica média no sangue (mg/100ml) de búfalas em lactação.

Experimental periods	C	Me	Ly	Me+Ly	Mean	±S.E
I	42.03	41.46	39.3	38.53	40.33	0.76
II	42.13	41.33	40.40	40.56	41.10	0.76
III	41.0	40.30	40.76	41.53	40.90	0.76
IV	43.23	41.46	40.86	42.0	41.89	0.76
Mean	42.10	41.14	40.33	40.65		
± S.E	0.76	0.76	0.76	0.76		

Cada valor da média é obtido a partir de 12 valores (12 animais).

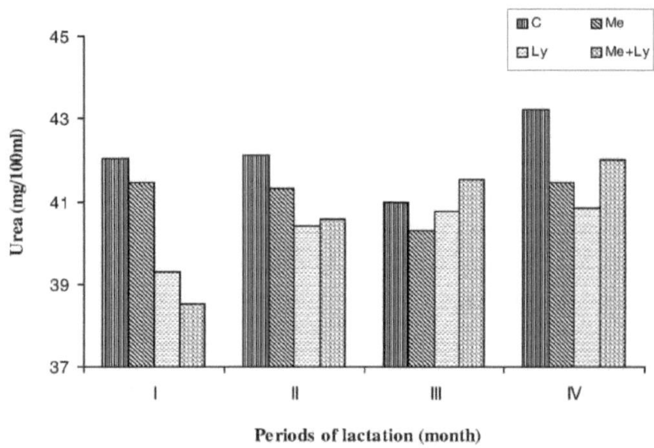

Fig. (38): Efeito de suplementos de AA protegidos no rúmen sobre a ureia média no soro sanguíneo de búfalas em lactação.

2.2.6. Creatinina sérica

A creatinina é um substrato azotado não proteico formado durante o metabolismo muscular da creatina e da fosfocreatina. O efeito dos tratamentos com aminoácidos protegidos no rúmen sobre a creatinina sérica de búfalas em lactação que receberam diferentes tratamentos experimentais é apresentado na Tabela (43) e na Fig. (39). Não houve diferenças significativas (P>0,05) entre os tratamentos nas médias gerais da creatinina sérica. As médias gerais da creatinina sérica variaram entre 1,17 no tratamento Ly e 1,20 (mg/100ml) nos tratamentos de controlo e Me. Relativamente ao efeito dos períodos de lactação na concentração de creatinina sérica, não se registaram diferenças significativas (P>0,05) entre os períodos de lactação experimentais. As médias gerais da creatinina sérica foram de 1,20, 1,16, 1,16 e 1,24 (mg/100ml) para os períodos I, II, III e IV, respetivamente. Estes resultados estão de acordo com as conclusões de **Krober *et al* (2000a)**. De um modo geral, o nível de creatinina sérica é um indicador útil da filtração glomerular no rim.

Com base nos dados anteriores, verificou-se que os valores da creatinina sérica dos búfalos se encontravam dentro dos níveis normais.

No que diz respeito aos resultados das concentrações séricas de ureia e creatinina, é evidente que os animais experimentais não se encontravam em situação de catabolismo e que a função renal não foi afetada pelos tratamentos com aminoácidos protegidos pelo rúmen. Por conseguinte, os animais encontravam-se num bom estado nutricional.

Tabela (43): Efeito de suplementos de AA protegidos do rúmen na creatinina sérica média do sangue (mg/100ml) de búfalas em lactação.

Experimental periods	C	Me	Ly	Me+Ly	Mean	±S.E
I	1.36	1.20	1.12	1.13	1.20	0.064
II	1.23	1.03	1.20	1.19	1.16	0.064
III	0.98	1.36	1.20	1.11	1.16	0.064
IV	1.23	1.23	1.16	1.33	1.24	0.064
Mean	1.20	1.20	1.17	1.19		
± S.E	0.064	0.064	0.064	0.064		

Cada valor da média é obtido a partir de 12 valores (12 animais).

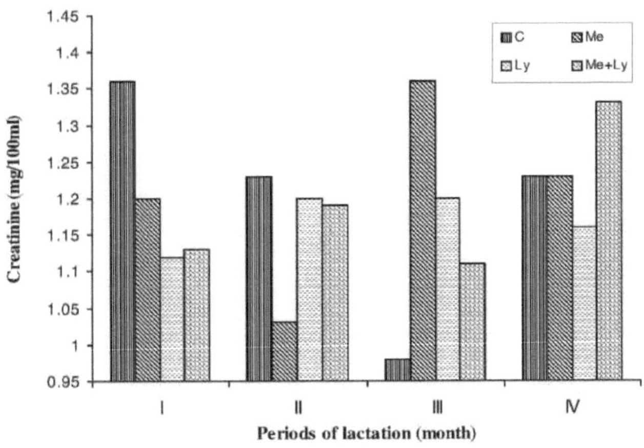

Fig. (39): Efeito de suplementos de AA protegidos do rúmen na creatinina sérica média do sangue de búfalas em lactação.

2.2.7. Glutâmico-oxaloacetato-transaminase sérica.

A glutâmico-oxaloacetato-transaminase (GOT) catalisa a transferência do grupo alfa-amino do ácido aspártico para o ácido alfa-cetoglutárico, resultando na formação de ácido oxaloacético e ácido glutâmico, respetivamente **(Maxine, 1984)**. Os valores médios da concentração de GOT no soro das búfalas para os tratamentos experimentais ao longo dos diferentes períodos de lactação são apresentados na Tabela (44) e na Fig. (40). Não se registaram diferenças significativas (P>0,05) entre os tratamentos nas médias gerais de GOT no soro

Concentração de GOT. As médias globais do GOT sérico variaram entre 33,16 no tratamento Me+Ly e 34,08 (unidades/litro) no grupo de controlo. Os tratamentos com aminoácidos protegidos diminuíram ligeiramente o GOT sérico em 2,2, 1,4 e 2,7% para os tratamentos Me, Ly e Me+Ly, respetivamente, em comparação com o grupo de controlo. Os valores respectivos da concentração sérica de GOT foram 34,08, 33,33, 33,58 e 33,16 (unidades/litro) para os tratamentos de controlo, Me, Ly e Me+Ly. No que respeita ao efeito dos períodos de lactação no GOT sérico, não se registaram diferenças significativas (P>0,05) entre os períodos de lactação. O valor mais elevado foi registado no 2º período (34,83), seguido do 4º período (33,83) e do 3º período (33,25), mas o valor mais baixo foi observado no 1º período (32,25 unidades/litro). Estes resultados estão em consonância com os obtidos por **Xu *et al* (1998) e Kholif e Kholif (2003)** com a suplementação de lisina e metionina.

Tabela (44): Efeito dos suplementos de AA protegidos no rúmen sobre o GOT médio do soro sanguíneo (unidades / litro) de búfalas em lactação.

Experimental periods	C	Me	Ly	Me+Ly	Mean	±S.E
I	29.66	30.6	36.0	32.6	32.25	1.31
II	35.6	36.6	34.6	32.3	34.83	1.31
III	35.3	32.3	31.6	33.6	33.25	1.31
IV	35.6	33.6	32.0	34.0	33.83	1.31
Mean	34.08	33.33	33.58	33.16		
± S.E	1.31	1.31	1.31	1.31		

Cada valor da média é obtido a partir de 12 valores (12 animais).

C= dieta de controlo Me = C + metionina protegida Ly = C+ lisina protegida Me+Ly= C+ metionina protegida + lisina protegida

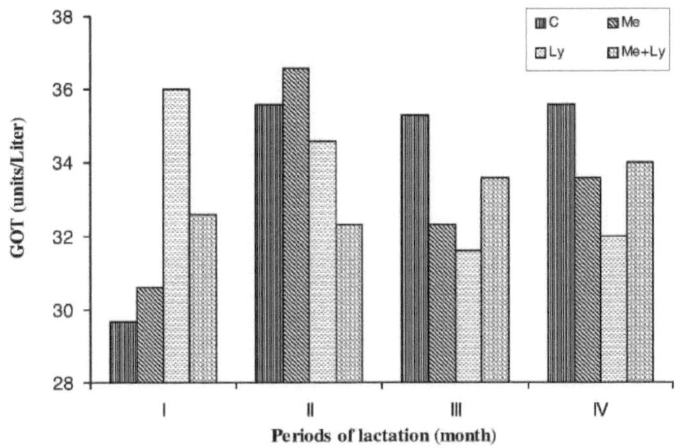

Fig. (40): Efeito de suplementos de AA protegidos no rúmen sobre a média de GOT no soro sanguíneo de búfalas em lactação.

2.2.8. Glutâmico-piruvato-transaminase sérica.

A glutâmico-piruvato-transaminase (GPT) catalisa a transferência do grupo alfa-amino da alanina para os ácidos alfa-cetoglutárico, resultando na formação de ácido pirúvico e ácido glutâmico, respetivamente **(Maxine, 1984)**. Os valores médios da concentração de GPT no soro das búfalas para os tratamentos experimentais ao longo dos diferentes períodos de lactação são apresentados na Tabela (45) e na Fig. (41). Houve diferenças insignificantes (P>0,05) entre os tratamentos nas médias gerais da concentração de GPT no soro, que variaram de 15,50 no tratamento Me a 16,0 (unidade/litro) nos tratamentos Ly e Me+Ly. Os valores de GPT no soro foram, respetivamente, 15,66, 15,50, 16,00 e 16,00 (unidades/litro) para os tratamentos de controlo, Me, Ly e Me+Ly. Relativamente ao efeito dos períodos de lactação na concentração de GPT no soro, não se registaram diferenças significativas (P>0,05) entre os períodos de lactação. O valor mais baixo foi registado no primeiro período experimental (12,50), seguido do 2º segundo período (16,66) e do 4º (quarto) período (16,75), enquanto o valor mais elevado foi observado no 3º terceiro período de lactação (17,25 unidades/litro). Os valores actuais de GOT e GPT revelaram uma atividade normal dos tecidos hepáticos dos animais e os resultados das concentrações de GOT e GPT estavam dentro dos limites normais. Consequentemente, os diferentes tratamentos com aminoácidos protegidos do rúmen aplicados no presente estudo podem ser utilizados sem qualquer efeito adverso nas funções hepáticas. Os presentes resultados estão de acordo com os obtidos por **Xu *et al* (1998) e Kholif e Kholif (2003)**, que observaram diferenças insignificantes no valor da GPT entre tratamentos quando se utilizaram aminoácidos protegidos do rúmen.

Tabela (45): Efeito de suplementos de AA protegidos no rúmen sobre a média de GPT no soro sanguíneo (unidades/litro) de búfalas em lactação.

Experimental periods	C	Me	Ly	Me+Ly	Mean	±S.E
I	12.3	12.3	13.0	12.3	12.50	0.57
II	16.0	15.6	18.0	17.0	16.66	0.57
III	16.0	17.3	17.3	18.3	17.25	0.57
IV	18.3	16.6	15.6	16.3	16.75	0.57
Mean	15.66	15.50	16.00	16.00		
± S.E	0.57	0.57	0.57	0.57		

Cada valor da média é obtido a partir de 12 valores (12 animais).

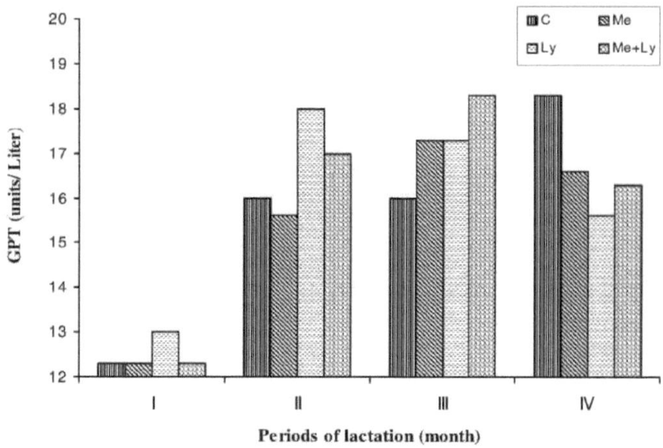

Fig. (41): Efeito de suplementos de AA protegidos no rúmen sobre a média de GPT no soro sanguíneo de búfalas em lactação.

2.2.9. Glicose sérica

A Tabela (46) e a Fig. (42) mostram o efeito dos tratamentos com aminoácidos protegidos no rúmen sobre a glucose sérica de búfalas em lactação que receberam diferentes tratamentos experimentais. Registaram-se diferenças significativas (P<0,01) entre os tratamentos nas médias gerais da glucose sérica. As médias globais variaram entre 56,45 no controlo e 67,89 (mg/100ml) no tratamento Me+Ly. Todos os tratamentos com aminoácidos protegidos aumentaram a glicose sérica em 14,8, 11,8 e 20,2% para os tratamentos Me, Ly e Me+Ly, respetivamente, em comparação com o grupo de controlo. Os valores respectivos da glucose sérica foram de 56,45, 64,83,

63,15 e 67,89 (mg/100ml) para os tratamentos de controlo, Me, Ly e Me+Ly. O aumento significativo (P<0,01) da glucose sérica com os tratamentos de aminoácidos protegidos pode dever-se a digestibilidades mais elevadas de MO, CF e NFE (Quadro 2) e a um teor mais elevado de AGTL no rúmen dos animais que receberam rações tratadas (Quadro 4) do que o controlo na primeira experiência. Estes resultados estão de acordo com as conclusões de **Krober *et al* (2000a), Krober *et al* (2000b)**, que verificaram que a glucose plasmática aumentava quando as vacas recebiam metionina e lisina protegidas no rúmen. Além disso, **Demeterova *et al* (2002) verificaram** que a glucose aumentou ligeiramente nas vacas leiteiras quando alimentadas com suplementos combinados de gordura e proteína protegidas. No entanto, **Dinn *et al* (1998)** verificaram que a glucose plasmática não era afetada quando as vacas eram alimentadas com lisina e metionina protegidas pelo rúmen. Além disso, **Bharadwaj *et al* (1999)** observaram aumentos insignificantes da glucose plasmática quando as búfalas foram alimentadas com uma dieta suplementada com proteínas protegidas. **Kholif e Kholif (2003) verificaram** que houve aumentos insignificantes (P>0,05) na glucose do soro sanguíneo de cabras em lactação. Ao inspecionar o efeito dos períodos de lactação na concentração de glucose no soro, verificaram-se diferenças significativas (P<0,01) entre os períodos de lactação (Tabela, 46). O valor da glucose sérica aumentou de (61,74 mg/100ml) no primeiro período para (63,17 mg/100ml) no segundo período e voltou a aumentar no terceiro período para (66,09 mg/100ml) e depois diminuiu no quarto período de lactação (61,33 mg/100ml). É interessante notar que a glicose no soro sanguíneo dos diferentes tratamentos experimentais seguiu a mesma tendência do conteúdo de lactose no leite e da produção de leite, o que pode confirmar os resultados de **Clark *et al* (1977)**, que afirmaram haver uma relação positiva entre a glicose no soro sanguíneo e a produção de leite. Além disso, **Kholif (1999)** verificou que havia uma correlação positiva significativa entre a glucose no soro sanguíneo e a produção de leite em búfalas em lactação.

Tabela (46): Efeito dos suplementos de AA protegidos no rúmen sobre a glicose média no soro sanguíneo (mg/100ml) de búfalas em lactação.

Experimental periods	C	Me	Ly	Me+Ly	Mean	±S.E
I	55.36	63.76	60.93	66.90	61.74^{C}	0.34
II	56.86	64.36	63.10	68.36	63.17^{B}	0.34
III	59.43	62.16	66.43	70.33	66.09^{A}	0.34
IV	54.16	63.03	62.16	65.96	61.33^{C}	0.34
Mean	56.45^{D}	64.83^{B}	63.15^{C}	67.89^{A}		
± S.E	0.34	0.43	0.34	0.34		

Cada valor da média é obtido a partir de 12 valores (12 animais).

As médias com sobrescritos diferentes na mesma linha ou coluna diferem significativamente (P<0,01).

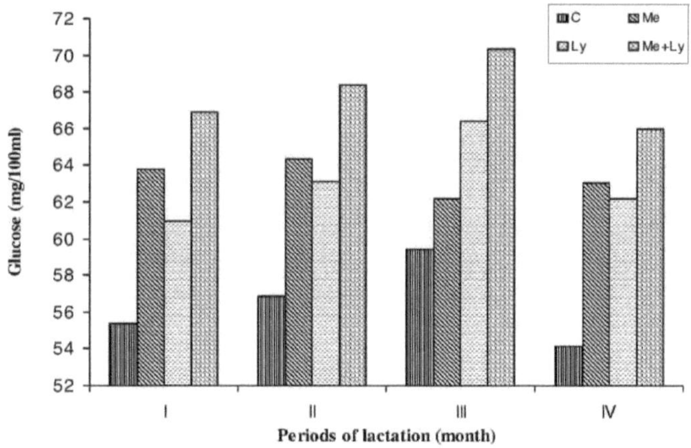

Fig. (42): Efeito de suplementos de AA protegidos no rúmen sobre a glicose média no soro sanguíneo de búfalas em lactação.

2.2.10. Lípidos totais no soro

A Tabela (47) e a Fig. (43) mostram o efeito dos tratamentos com aminoácidos protegidos no rúmen sobre os lípidos totais no soro de búfalas em lactação que receberam diferentes tratamentos experimentais. Houve diferenças significativas (P<0,05) entre os tratamentos nas médias gerais dos lípidos totais no soro. As médias globais variaram entre 280,5 para o grupo de controlo e 294,6 (mg/100) ml para o tratamento Me. Também os tratamentos Me+Ly foram mais elevados (P<0,05) na concentração de lípidos totais no soro do que os tratamentos de controlo e Ly. Os valores da concentração de lípidos totais no soro foram de 280,5, 294,6, 281,9 e 293,0 (mg/100 ml) para os tratamentos de controlo, Me, Ly e Me+Ly, respetivamente. Relativamente ao efeito dos períodos de lactação na concentração de lípidos totais no soro, verificaram-se diferenças significativas (P<0,01) entre os períodos de lactação. As médias gerais da concentração de lípidos totais no soro aumentaram (P<0,01) gradualmente com o avanço da lactação. Os valores da concentração de lípidos totais no soro foram: 270,5, 282,8, 293,0 e 303,6 (mg/100ml) para I, II, III e IV, respetivamente. O aumento dos lípidos totais séricos com o suplemento de aminoácidos protegidos pode dever-se a uma maior digestibilidade da MO e do EE no primeiro ensaio (Quadro 2). Além disso, o aumento dos lípidos totais séricos estará associado ao aumento do teor de gordura do leite. Além disso, **Krober *et al* (2000b)** verificaram um aumento significativo dos triglicéridos no plasma sanguíneo (P<0,01) quando as vacas foram alimentadas com uma dieta suplementada com metionina protegida.

Tabela (47): Efeito dos suplementos de AA protegidos no rúmen sobre a média de lípidos totais no soro sanguíneo (mg/100ml) de búfalas em lactação.

Experimental periods	C	Me	Ly	Me+Ly	Mean	±S.E
I	263	277	265	277	270.50^{C}	4.27
II	276.3	292.6	273	289.3	282.83^{BC}	4.27
III	283.6	302.3	287.3	299	293.02^{AB}	4.27
IV	299	306.6	302.3	306.6	303.66^{A}	4.27
Mean	280.50^{b}	294.60^{a}	281.91^{b}	293.00^{a}		
± S.E	4.27	4.27	4.27	4.27		

Cada valor da média é obtido a partir de 12 valores (12 animais).

As médias com diferentes sobrescritos na mesma linha ou coluna diferem significativamente (P<0,01 = letras maiúsculas, P<0,05 = letras minúsculas).

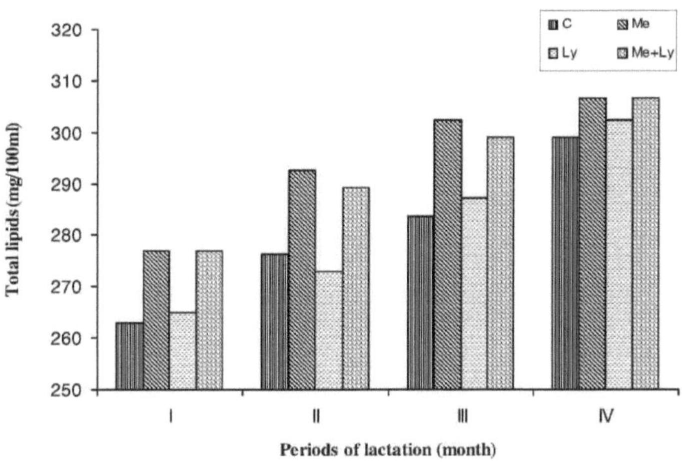

Fig. (43): Efeito de suplementos de AA protegidos no rúmen sobre a média de lípidos totais no soro sanguíneo de búfalas em lactação.

As médias gerais de alguns parâmetros do soro sanguíneo dos diferentes tratamentos foram resumidas na Tabela (48).

Tabela (48): Efeito de suplementos de AA protegidos do rúmen na média geral de alguns parâmetros do soro sanguíneo de búfalas em lactação.

Parameter	Treatments				±SE
	C	Me	Ly	Me + Ly	
Total protein (g/dl)	6.90^{D}	7.48^{B}	7.18^{C}	7.85^{A}	0.076
Albumin (g/dl)	3.47^{C}	3.67^{B}	3.60^{BC}	3.85^{A}	0.057
Globulin (g/dl)	3.42^{C}	3.80^{AB}	3.58^{BC}	3.99^{A}	0.086
A/G ratio	1.02	0.97	1.01	0.96	0.034
Urea (mg/dl)	42.10	41.14	40.33	40.65	0.760
Creatinine (mg/dl)	1.20	1.20	1.17	1.19	0.064
GOT (units/L)	34.08	33.33	33.58	33.16	1.31
GPT (units/L)	15.66	15.50	16.00	16.00	0.57
Glucose (mg/dl)	56.45^{D}	64.83^{B}	63.15^{C}	67.89^{A}	0.34
Total lipids (mg/dl)	280.50^{b}	294.66^{a}	281.91^{b}	293.00^{a}	4.27

Cada valor da média é obtido a partir de 12 valores (12 animais).

As médias com diferentes sobrescritos na mesma linha são significativas ($P<0,01$ = letras maiúsculas, $P<0,05$ = letras minúsculas).

REFERÊNCIAS

A.O.A.C. (1995). Métodos de análise. Vol. 1: Produtos químicos agrícolas, contaminantes, drogas. 16th ed. Washington, D.C., EUA.

A.R.C. (1983). The Nutrient Requirements of Livestock. No.2. Ruminantes Tech. Rev. e Sumários Agric. Res. Counci. Londres, Reino Unido.

Armentano, L.E.; S.J. Bertics e G.A. Ducharme (1997). Response of lactating cows to methionine or methionine plus lysine added to high protein diets based on alfalfa and heated soybeans. J. Dairy. Sci.; 80: 1194-1199.

Armstrong, W.D. e C.W. Carr (1964). Physiological Chemistry: Laboratory Diretions, 3rd ed., Burges Publishing Co. Minneapolis, Minnesota, EUA.

Aschaffenburg, R. e I. Drewry (1959). Novo procedimento para a determinação de rotina das proteínas não-caseína varisus do leite. Int. Dairy Congr. 3, 1631.

Bacar, H. L. (1995). Metionina protegida na alimentação de ruminantes. Praxis Veterinaria,

Zagreb, 43: 79-88.

Bacar-Huskic, L.; Z. Liubic; B. Magdalenic; B. Stuburic e M. Sakomon (1998). Resultados da aplicação de metionina protegida na dieta de cabras leiteiras.

Krmiva; 40: 317-327, (citado de DSA, 1999, 61(5): 2316).

Bach, A.; G.B. Huntington e M.D. Stern (2000). Response of nitrogen metabolism in preparturient dairy cows to methionine supplementation. J. Anim. Sci., 78: 742-749.

Barrnett, A.J.G. e G. Abd El-Tawab (1957). Determinação da lactose no leite e no queijo. J. Sci. Food Agric., 8: 437-441.

Berthiaume, R.; H. Lapierre; M. Stevenson; N. Cote e B.W. McBride (2000). Comparação do desaparecimento intestinal in situ e in vivo da metionina protegida pela ruminação. J. Dairy. Sci. 83: 2049-2056.

Bertrand, J.A.; F.E. Pardue e T.C. Jenkins (1998). Efeito dos aminoácidos protegidos pela ruminação na produção e composição do leite de vacas Jersey alimentadas com sementes de algodão inteiras. J. Diary Sci. 81: 2215-2220.

Bharadwaj, A. e B.P. Sengupta (1999). Effect of sources of dietary unprotected and protected protein on lactational performance of Murrah Buffaloes. Buffalo J; 3: 269-278.

Bharadwaj, A.; B.P. Sengupta e R.K. Sethi (2000). Effect of feeding rumen protected and unprotected protein on nutrients intake and reproductive performance of lactating buffaloes. Indian Journal of Animal Sciences, 70: 428-430.

Bharadwaj, A.; B.P. Sengupta e T.R. Chauhan (1999). Effect of dietary unprotected and protected protein on some blood and rumen metabolites in lactating buffaloes. Buffalo Journal, 2: 153-163.

Blauwiekel, R.; S. Xu; J.H. Harrison; K.A. Loney; R.E. Riley e M.C. Calhoun (1997). Efeito do caroço de algodão inteiro, do gossipol e da suplementação de lisina protegida pela ruminação na produção e composição do leite. J. Dairy. Sci.; 80: 1358-1365.

Blum, J.W; R.M. Bruckmaier e F. Jans (1999). Rumen-protected methionine fed to dairy cows biovailability and effects on plasma amino acid pattern and plasma metabolite and insulin concentrations. J. Dairy. Sci. 82: 1991-1998.

Briggs, P.K.; J.P. Hogan e R.L. Reid (1957). The effect of volatile fatty acids, lactic acid and ammonia on rumen pH in sheep (O efeito dos ácidos gordos voláteis, do ácido lático e do amoníaco no pH ruminal dos ovinos). Aust. J. Agric. Res. 6: 674.

British Standard Institution (1951). Método Gerber para a determinação da gordura no leite e nos produtos lácteos. Pub. No. 696 Parte 2.

Broderick, G.A. (1992). Valor relativo da farinha de peixe versus farinha de soja solvente para vacas leiteiras em lactação alimentadas com silagem de alfafa como única forragem. J. Dairy Sci. 75, 174-183.

Caput, P.; L. Bacar-Huskic; A. Dakic e A. Ivankovic (1997). Stable methionine in cow feeding. Stocarstvo, 51: 11-14, (citado em DSA, 1998, 60: 2553).

Clark, J.H. (1975). Lactational responses to postruminal dminstration of proteins and amino acids. J. Dairy Sci.; 58: 1178-1197.

Clark, J.H.; H.R. Spires; R.G. Derring e M.R. Bennink (1977). Milk production, nitrogen utilization and glucose synthesis in lactating cows infused postruminally with sodium caseinate and glucose. J. Nutrition, 107: 631-644.

Demeterova, M.; V. Vaida; P. Pastierik e A. Koteles (2002). The effect of protected fat and protein supplements on rumen metabolism, on some parameters of intermediary metabolism, and on the quality and production of milk in dairy cows. Folia Veterinaria, 46: 20-26.

Dinn. N.E.; J.A. Shelford e L.J. Fisher (1998). Utilização do sistema cornell net carbohydrate and protein e da lisina e metionina protegidas pelo rúmen para reduzir a excreção de azoto das vacas leiteiras em lactação. J. Dairy Sci., 81: 229237.

Doumas, B.; W. Wabson e H. Biggs (1971). Padrões de albumina e medição do soro com verde de bromocresol. Clin. Chem. Ata, 31: 87.

Duncan, D.B. (1955). Multiple range and multiple F tests. Biometria, 11: 1.

Durand, D., Y. Chilliard e D. Bauchart (1992). Effects of lysine and methionine on in vivo hepatic secretion of VLDL in the high yielding dairy cow. J. Dairy Sci. 75, Suppl, 1. Abstr. 979.

El-Ashry M.A.; M.F. Ahmed ; S.A. El-Saadany; M.E.S. Youssef; I.A. Gomaa e T.A.A. Deraz (1997). Efeito de tratamentos mecânicos vs. mecano-químicos ou mecano-bioquímicos de resíduos de culturas na sua utilização em rações de ruminantes: Digestibilidade, balanço de azoto e alguns parâmetros do sangue e do licor ruminal dos ovinos. Egyptian J. Nutrition and Feeds, 1: (Edição Especial): 173186. 39 ref.

El-Ashry, M.A.; H.A. El-Alamy; O.A Salem e A.M. Kholif (1988). Parâmetros ruminais de cabras em lactação afectados por diferentes rácios de concentrado: forragem grosseira. Annals Agric. Sci., Moshtohor, 26: 217-232.

Erfle, J.D e L.J. Fisher. (1977). The effects of intravenous infusion of lysine, plus methionine or carnitine on plasma amino acids and milk production of dairy cows. Can. J. Anim. Sci. 57: 101-109.

Fahey, J.; J.F. Mee; D.O'Callaghan e J.J. Murphy (2002). Effect of calcium salts of fatty acids and calcium salt of methionine hydroxy analogue on reproductive responses and milk production in Holstein-Friesian cows. Animal Science, 74: 145-154.

Fergueson, K.A. (1975). Digestão e metabolismo no ruminante. I.W. McDonal e A.C.I. Warner, Univ. of New England. Publishing Unit, Armidale. Austrália, pp 448-464.

Flatt, W.P.; R.G. Warner e J.K. Loosli (1956). Absorção de AGV do retículo ruminal de bezerros leiteiros jovens. J. Exp. Biol., 25: 135.

Gaines W.L. (1928). A base energética da medição da energia do leite em vacas leiteiras. Univ. Illinois Agric.

Guinard, J. e H. Rulquin (1995). Effects of graded amounts of duodenal infusions of methionine on the mammary uptake of major milk precursors in dairy cows. J. Dairy Sci. 78, 2196-2207.

Hadjipanayiotou, M.; S. Economides; B. Subnel e H.B. Perdok (1999). The effect of feeding an amino acid supplement (Amino 2000) on the performance of dairy ewes, goats and cows. Ministério da Agricultura e dos Recursos Naturais (Nicósia) n.º 72, 12 PP.

Han, I.K.; J.K. Ha; S.S. Lee; Y.G. Ko e H.S. Lee (1996). Effect of supplementing rumen-protected lysine and methionine on ruminal characteristics and nutrient digestibility in sheep. Asian Australasian Journal of Animal Science, 9: 223-229.

Hogan, J.P. e R.H. Weston (1970). Physiology of Digestion and metabolism in the ruminant. (ED) A.T. phillipson, PP. 474-85 (Oriel Press Newcastle upon- Tyne).

Husdan, H. (1968). Determinação química da creatinina com desproteinização. Clin. Chem., 14: 222.

Hussein, HS e LL. Berger (1995). Feedlot performance and carcass characteristics of Holstein steers as affected by source of dietary protein and level of ruminally protected lysine and methionine. J. Anim. Sci., 73: 35033509.

Iwanska, S.; D. Strusinska e B. Pysera (1999). Effect of rumen protected methionine supplementation on early lactation responses of dairy cows fed a grass silage and cereals diet. Ata Veterinaria Hungarica, 47: 191-206.

Izumi, K.; C. Kikuchi e M. Okamoto (2000). Efeito da metionina protegida pelo rúmen no desempenho lactacional de vacas leiteiras. Asian-Aus. J. Anim. Sci. 13 (9): 1235-1238.

Kholif, A. M. (1999). Relação entre os constituintes do soro sanguíneo e a quantidade e qualidade do leite de búfala. J. Agric. Sci., Mansoura Univ., 24: 1765-1772.

Kholif, S.M. (1996). Utilização de algumas farinhas de subprodutos de matadouro de aves em rações leiteiras. Tese de Mestrado, Fac. of Agric. Ain Shams Univ.

Kholif, S.M. e A.M. Kholif (2003). Efeito da metionina protegida pela ruminação no desempenho produtivo de cabras em lactação. Proc. A 1ª Conf. "Food for Better Health", NRC, 18-20 de outubro, Cairo, Egito.

Khorshed, M.M.A. (2000). Diferentes tratamentos para melhorar a qualidade nutricional de alguns resíduos de culturas utilizados na alimentação de ruminantes. Tese de doutoramento, Fac. of Agric. Ain Shams Univ.

King, K.J.; J.T. Huber; M. Sadik; W.G. Bergen; A.L. Grant e V.L. King (1990). Influência das fontes de proteína da dieta nos perfis de aminoácidos disponíveis para digestão e metabolismo em vacas em lactação. J. Dairy Sci.; 73: 3208-3216.

Klemesrud, M.J.; T.J. Klopfenstein e A.J. Lewis (2000). Metabolizable methionine and lysine requirements of growing cattle (Necessidades de metionina e lisina metabolizáveis de bovinos em crescimento). J. Anim. Sci., 78: 199206.

Kobayashi, T.; H. Sato; Y. Nishiguchi e H. Itabashi (1999). Effects of rumen- by pass amino acids and fat on milk production, rumen fermentation, and blood components in dairy cows. Boletim do Instituto Nacional da Indústria Animal, 59: 17-23.

Krober, T.F.; M. Kreuzer; M. Senn; W. Langhans e F. Sutter (2000a). Lactational and metabolic effects in cows of lysine and methionine added to a ration deficient according to the I.N.R.A. method. Archives of Animal Nutrition, 53: 375-394.

Krober, T.F.; M. Kreuzer; M. Senn; W. Langhans e F.Sutter (2000b). Effects of rumen-protected methionine in a low protein ration on metabolic trails and performance of early lactating cows as opposed to rations with elevated crude protein content. Journal of Animal Physiology and Animal Nutrition, 84 (5) 148-164.

Krober, T.F.; F. Sutter; M. Senn; W. Langhans (2001). Effects of supplying leucine and methionine to early-lactating cows fed silage-concentrate based diets with a calculated deficiency in leucine and methionine. Animal Research; 50: 5-20.

Kudrna, V.; P. Lang e P. Mlazovska (1998). O efeito da metionina protegida pelo rúmen no desempenho de vacas leiteiras. Czech. J. Anim. Sci., 43: 181-186.

Manual de Laboratório (1949). Método de análise do leite e dos seus produtos. Milk Industry Function, Washington, SD. C.

Lewis, D.; K.J. Hill e E.F. Annison (1957). Estudos sobre o sangue parcial de ovelhasabsorção de amoníaco do rúmen das ovelhas. Biochem. J., 66: 587.

Ling E.R.(1963). "Text Book of Dairy Chemistry" Vol. II, Practical Chapman and Hall, L.T.D., London 3rd ed. PP. 140.

Liu, C.; D.J. Schingoethe e G.A. Stegeman (2000). Corn distillers grains versus a blend of protein supplements with or without ruminally protected amino acids for lactating cows. J. Dairy Sci. 83: 2075-2084.

Lopez, C; P. Brunshwig; J. Seegers; G. Cherouat; J.C. Robert; D. Ribaud; G. Viudes e L. Frebourg (1998). Metodologia de ensaios em explorações comerciais e interpretação dos resultados: estudo de caso de um ensaio de metionina protegida no rúmen. Rencontres Recherches Ruminants No. 5: 255-258.

Maxine, M.B. (1984). Outline of veterinary cilinical pathology (quarta ed.), The lowa State Univ. Press. Anim. Lowa, EUA.

McCarthy, R.D., G.A. Porter e L.C. Jr. Griel (1968). Cetose bovina e teste de gordura deprimido no leite: um problema de metabolismo da metionina e aberração da lipoproteína sérica. J. Dairy Sci., 51: 459-462.

Metcalf, J.A.; D. Wray-Cahen; E.E. Chettle; J.D. Sutton; D.E. Beever; L.A. Crompton; J.C. MacRae; B.J. Bequette e F.R.C. Backwell (1996). O efeito da proteína bruta da dieta como farinha de soja protegida no metabolismo mamário da vaca leiteira em lactação. J. Dairy Sci.; 79: 603-611.

Misciattelli, L.; V.F. Kristensen; T. Hvelplund e M.R. Weisbjerg (2001). Milk production, amino acid and energy utilization in response to increased post ruminal lysine and methionine supply in dairy cows. Actas do 15º simpósio sobre metabolismo energético em animais snekkersten, Dinamarca, 11-16 de setembro de 2000, Wageningen, Países Baixos; Wageningen Pers: 389-392.

Nichols, J.R.; D.J. Schingoethe; H.A. Maiga; M.J. Brouk e M.S. Piepenbrink (1998) . Avaliação dos grãos de destilação de milho e da lisina e metionina protegidas na ruminação para vacas leiteiras em lactação. J. Dairy Sci., 81: 482-491.

Noftsger, S. e N.R. St-Pierre (2003). Suplementação de metionina e seleção de proteína não degradável no rúmen altamente digerível para melhorar a eficiência do azoto na produção de leite. J. Dairy Sci.; 86: 958-969.

Noftsger, S.; N.R. St-Pierre e J.T. Sylvester (2005). Determinação da degradabilidade ruminal e dos efeitos ruminais de três fontes de metionina em vacas em lactação. J. Dairy Sci.; 88: 223-237.

Ouellet, D.R.; H. Lapierre e J. Chiquette (2003). Efeitos do processamento de silagem de milho e da suplementação de aminoácidos no desempenho de vacas leiteiras em lactação. J. Dairy Sci.; 86: 3675-3684.

Overton, T.R.; D.W. Lacount; T.M. Cicela e J.H. Clark (1996). Avaliação de um produto de metionina protegido ruminalmente para vacas leiteiras em lactação. J. Dairy Sci.; 79: 631-638.

Overton, T.R.; L.S. Emmert e J.H. Clark (1998). Effects of source of carbohydrate and protein and rumen protected methionine on performance of cows. J. Dairy Sci., 81: 221-228.

Pacheco-Rios, D.; W.C. McNabb; J.P. Hill; T.N. Barry e D.D.S. Mackenzie (1999). The effects of methionine supplementation upon milk composition and production of forage-fed dairy cows. Canadian Journal of Animal Science, 79: 235-241.

Pacheco-Rios, D.; W.C. Mcnabb; J.P. Hill; T.N. Barry e D.D.S. Mackenzie (1997). The effects of methionine supply upon milk composition and production of dairy cows in mid-lactation. Actas da Sociedade Neozelandesa de Produção Animal, 57: 147-150.

Patterson, J.A. e L.Jr. Kung (1988). Metabolismo da metionina DL e análise de metionina por microorganismos ruminais. J. Dairy Sci.; 71: 3292-3301.

Patton, C.J. e S.R. Crouch (1977). Investigação espectrofotométrica e cinética da reação de berthelot para a determinação de amoníaco. Anal. Chem., 49: 464-469.

Piepenbrink, M.S.; T.R. Overton e J.H. Clark (1996). Response of cows fed a low crude protein diet to ruminally protected methionine and lysine. J. Dairy Sci., 79: 1638-1646.

Pisulewski, P.M. e Z.M. Kowalski (1999). O efeito da lisina e da metionina protegidas na produção de leite e na sua composição em vacas leiteiras em lactação alimentadas com uma ração à base de silagem de erva. Journal of Animal and Feed Sciences, 8: 341-353.

Pisulewski, P.M.; Z.M. Kowalski e M. Gorgulu (2002). Lactational responses to ruminally-protected methionine in cows fed a low-protein grass silage-based diet. Journal of Animal and Feed Sciences, 11: 189-203.

Polan, C.E.; K.A. Cummins; C.J. Sniffen; T.V. Muscato; J.L. Vicini; B.A. Crooker; J.H. Clark; D.G. Johnson; D.E. Otterby; B. Guillaume; L.D. Muller; R.A. Varga; R.A. Murray e S.B. Peirce-Sandner (1991). Respostas de vacas leiteiras a formas suplementares de metionina e lisina protegidas no rúmen. J. Dairy Sci.; 74: 2997-3013.

Postma, T. e J.A. Stroes (1968). Rastreio de lípidos em química clínica. Clinica Chemica Ata, 22: 569.

Reitman, S. e S. Frankel (1957). Método calorimétrico para a determinação da transaminase glutâmico-oxaloacética e glutâmico-piruvato no soro. An. J. Clin. Path, 28: 56.

Robinson, P.H.; W. Chalupa; C.J. Sniffen; W.E. Julein; H.Sato; K. Watanabe; T. Fujieda e H. Suzuki (1998). Ruminally protected lysine or lysine and methionine for lactating dairy cows fed a ration designed to meet requirements for microbial and postruminal protein. J. Dairy Sci., 81: 13641373.

Robinson, P.H; W. Chalupa; C.J. Sniffen; W.E. Julien; H. Sato; T. Fujieda; K. Watanable e H. Suzuki (1999). Influence of postruminal supplementation of methionine and lysine, isoleucine, or all three amino acids on intake and chewing behavior, ruminal fermentation and milk component production. J. Anim. Sci. 77: 2781-2792.

Robinson. P.H.; W. Chalupa; C.J. Sniffen; W.E. Juliens; H. Sato; T. Fujieda; T. Ueda e H. Suzuki (2000). Influência da infusão abomasal de altos níveis de lisina ou metionina, ou ambos, na fermentação ruminal, comportamento alimentar e desempenho de vacas leiteiras em lactação. J. Animal Sci., 78: 1067-1077.

Rulquin, H e L. Delaby (1997). Lactational responses of grazing dairy cows to rumen-protected methionine. Annals de zootechine 46(5): 409-415.

Rulquin, H. e R. Verite (1993). Nutrição em aminoácidos de vacas leiteiras: efeitos produtivos e necessidades dos animais. In: Garnsworthy, P.C. e Cole D.Y.A. (eds) Recent Advances in Animal Nutrition. Nottingham University Press, Nottingham, PP. 55-77.

Rulquin, H.; R. Verite; G. Guinard e P.M. Pisulewski (1995). Exigências de aminoácidos das vacas leiteiras. In: Center for Food and Animal Research (ed.) Animal Science Research and development. Agricultura e Agric. Food. Ottawa, Canadá; PP. 143-155.

Rulquin, H.; R. Verite; J. Guinard-Flament e P.M. Pisulewski (2001). Aminoácidos digeríveis no intestino delgado. Factores de variação em ruminantes e consequências na secreção de proteínas do leite. INRA Productions Animals, 14: 201210.

Sancanari, J.B.D.; J.M.B. Ezequiel; R.L. Galati; P. def; J.R.C. Seixas; M. Santamaria; S.N. Kronka (2001). Efeito da metionina protegida e não protegida no rúmen sobre a produção e composição do leite de vacas Holstein leiteiras. Revista Brasileira de Zootecnia, 30 (1) 286-294.

SAS, (1998). Statistical Analysis System. Guia do utilizador do SAS - Estatística. SAS Institute Inc. Editores, Cary, NC.

Schmidt, J.; P. Sipocz; E. Cenkvari e J. Sipocz (1999). Utilização de metionina protegida (Mepron® M85) em bovinos. Ata Veterinaria Hungarica; 47: 409418, (citado de DSA, 2000, 62 (5): 2261).

Schwab, C.G. (1996). Rumen protected amino acids for dairy cattle: progress towards determining lysine and methionine requirements. Anim. Feed Sci. and Techn.

59: 87-101.

Schwab, C.G.; C.K. Bozak; N.L.Whitehouse e M.M.A. Mesbah (1992). Limitação de aminoácidos e fluxo para o duodeno em quatro fases da lactação. 1. Sequência da limitação de lisina e metionina. J. Dairy Sci. 75: 3486-3502.

Schwab, C.G.; L.D. Satter e A.B. Clay (1976). Resposta de vacas leiteiras em lactação à infusão abomasal de aminoácidos. J. Dairy Sci. 59: 1254-1270.

Sevi, A.; L. Taibi; A. Muscio e S. Dell' Aquila (1996). Efeito de doses crescentes de lisina protegida pelo rúmen na produção e composição do leite em ovelhas comisana. Scienza e Tecnica Lattiero-Casearia, 47 (3): 182-192, (citado de DSA, 1997, 59 (4): 1625).

Sevi, A.; T. Rotunno; DI. R. Caterina e A. Muscio (1998). Suplementação de metionina ou lisina protegida pelo rúmen em dietas de ovelhas comisanas: efeitos na composição de ácidos gordos do leite. Journal of Dairy Research, 65: 413-422.

Seymour, W.M.; C.E. Polan e J.H. Herbein (1990). Effects of dietary protein degradability and casein or amino acid infusions on production and plasma amino acids in dairy cows. J. Dairy, Sci. 73: 735-748.

Shehata, O.Kh. (1971). Leituras na produção animal (em árabe). Departamento de Produção Animal, Fac. Agric.; Universidade Ain Shams, Shoubra El-Khema, Cairo, Egito.

Shibano, K.; M. Onishi e Y. Nakano (2000). Effects of supplemental ruminally protected forms of methionine on Holstein dairy cows fed imported roughage. Journal of the Japan Veterinary Medical Association; 53: 508-513.

Siest, G.; J. Henny e F. Schiele (1981). Interpretation des examens de laboratoire, Karger ed. 206.

Soder, K. J e L.A. Holden (1999). Lymphocyte Proliferation response of lactating dairy cows fed varying concentration of rumen-protected Methionine (Resposta de proliferação de linfócitos de vacas leiteiras em lactação alimentadas com concentrações variáveis de metionina protegida pelo rúmen). J. Dairy Sci. 82: 1935-1942.

Stern, M.D. e L.D. Satter (1979). Avaliação da técnica do saco decron para estimar a degradabilidade das proteínas no rúmen. Proc. Rumen Function Conf. XV.: 29.

Tihaucourt, L. (1996). Utilização da metionina protegida na produção leiteira. Bulletin des G.T.V.; 2: 45-52, (citado de DSA, 1997, 59(8): 3825).

Vanhatalo, A; P. Huhtanen; V. Toivonen e T. Varvikko (1999). Response of dairy cows fed grass silage diets to abomasal infusions of histidine alone or in combinations with methionine and lysine. J. Dairy. Sci., 82: 2674-2685.

Varvikko, T.; A. Vanhatalo; T. Jalava e P. Huhtanen (1999). Lactação e respostas metabólicas a doses abomasais graduais de metionina e lisina em vacas alimentadas com dietas de silagem de capim. J. Dairy Sci., 82: 2659-2673.

Wang, Yunheng; Zhany ZhenShan e Tang YuSheng (1999). Ensaios sobre suplementos de metionina protetora em rações para vacas. China Dairy Cattle; 3: 25-27, (citado de DSA, 2000, 62 (7): 3400).

Warner, A.C.J. (1964). Produção de ácidos gordos voláteis no rúmen. Métodos de medição. Nutr. Abst. & Rev., 34: 339.

Wu, Z.; R.J. Fisher; C.E. Polan e C.G. Schwab (1997). Lactational performance of cows fed low or high ruminally undegradable protein prepartum and supplemental methionine and lysine postpartum. J. Dairy. Sci.; 80: 722-729.

Xu. S.; J.H. Harrison; W. Chalupa; C. Sniffen; W. Julien; H. Sato; T. Fujieeda; K. Watanabe; T. Ueda e H. Suzuki (1998). The effect of ruminal by pass lysine and methionine on milk yield and composition of lactating cows. J. Dairy Sci., 81: 1062-1077.

Yadav, B.P.S. e I.S. Yadav (1988). Estudos de incubação com licor de rúmen coado de bovinos para avaliação in vitro de palha amoniada. Indian. J. Anim. Sci., 58: 398.

Younge, B.A.; J.J. Murphy; M. Rath e B.K. Sloan (2001). Effect of dietary absorbable methionine and lysine concentrations on milk production and composition of dairy cows offered grass-silage based diets. Irish Journal of Agricultural and Food Research. 40: 1-11.

MIX
Papier aus verantwortungsvollen Quellen
Paper from responsible sources
FSC® C105338

Printed by Books on Demand GmbH, Norderstedt / Germany